세계는 넓고 갈 곳은 많다 5

〈일러두기〉

1. 아시아 국가들의 개요와 역사 그리고 나라마다 주요 명승지 소개는 개별국가마다 현지 원주민 가이드들의 설명을 참고삼았다.
2. 각 국가의 개략적인 개요는 네이버 지식백과와 《두산세계대백과사전》, 《계몽사백과사전》을 참조하였음을 밝힌다.

넓은 세상 가슴에 안고 떠난 박원용의 세계여행 '아시아편 1'

세계는 넓고 갈 곳은 많다 5

초판 1쇄 인쇄일 2025년 1월 31일
초판 1쇄 발행일 2025년 2월 10일

지은이 박원용
펴낸이 최길주

펴낸곳 도서출판 BG북갤러리
등록일자 2003년 11월 5일(제318-2003-000130호)
주소 서울시 영등포구 국회대로72길 6, 405호(여의도동, 아크로폴리스)
전화 02)761-7005(代)
팩스 02)761-7995
홈페이지 http://www.bookgallery.co.kr
E-mail cgjpower@hanmail.net

ISBN 978-89-6495-319-8 04980
978-89-6495-203-0 (세트)

넓은 세상 가슴에 안고 떠난 박원용의 세계여행 아시아편 1

세계는 넓고 갈 곳은 많다 5

박원용 글 · 사진

BG 북갤러리

추천사

다른 아시아 여행서보다 다양하고
생생한 여행 정보로 감동을 준 책!

'여행은 과거에서부터 현재 그리고 미래까지를 만나기 위해 가는 것'이라고 했습니다. 저자는 34년 전부터 여행을 시작하여 2019년 말까지 유엔가입국 193개국 중에 내전 발생으로 대한민국 국민이 갈 수 없는 몇 개국을 제외한 지구촌에 존재하는 모든 국가를 다녀온 분입니다. 특히 오지라고 불리는 아프리카와 중남미, 남태평양은 말할 것도 없거니와 한국인으로서 아시아 대륙은 물론 섬나라에 이르기까지 한 나라도 빠짐없이 방문한 분이라 여행에 대한 취미와 열정은 남다르다고 할 수 있습니다.

'여행을 아는 자는 여행을 좋아하는 자에 미치지 못하고, 여행을 좋아하는 자는 여행을 즐기는 자에 미치지 못한다.'고 하였습니다.

저자께서는 지구상에서 여행을 가장 즐기는 분입니다.

저자 박원용 선생님은 여행지의 계획이 서게 되면 다녀온 여행지와 중복은 되지 않는지 중요한 명소가 빠져 있지는 않았는지 여행 출발 전에 현지 정보를 꼼꼼하게 충분히 검토하여 자료를 정리하고 난 후 여행을 시작하는 것을 원칙으로 합니다. 그리고 일행들과 오지 여행을 하고 돌아오면서 방문하기에 힘이 드는 이웃 국가가 여행지에 빠져 있으면 위험을 무릅쓰고서라도 혼자서 다녀옵니다. 아프리카, 남태평양 등 오지 국가를 그것도 한두 번이 아니고 여러 차례에 걸쳐 혼자 여행을 마치고 오는 분이라는 것을 오지 전문여행사 대표인 제가 많이도 봐왔습니다. 여행사를 운영하는 저희도 상상하지 못할 일입니다.

여행에 있어서 본받을 점이 헤아릴 수 없이 많아 저희에게 귀감이 되는 저자는 한마디로 진정한 여행 마니아라고 할 수 있습니다. 그리고 이번 아시아 여행서는 저자가 현지 여행에 밝은 현지인이나 아시아 각 지역 국가에서 오랫동안 거주하고 있는 한국인을 찾아서 보다 많은 정보를 수집하고 충분한 시간적인 여유를 가지고 일반 여행자들이 꼭 가봐야 할 유명한 여행지 위주로 담았습니다.

아시아의 개별 국가 중 어느 하나의 국가라도 처음 방문하거나 아시아 여행에 관심을 가지고 아시아 여행에 궁금한 점이 많은 여행자에게는 여타 아시아 여행서보다 다양하고 생생한 여행 정보로 더 큰 감동을 드릴 것을 확신합니다.

끝으로 박원용 선생님의 《세계는 넓고 갈 곳은 많다》 제1권 유럽편에 이어 제2권 남 · 북아메리카편, 제3권 아프리카편, 제4권 오세아니아편, 제5권 아시아(동아시아, 동남아시아)편 1, 제6권 아시아(서남아시아, 아라비아반도, 서아시아, 중앙아시아)편 2로 지구촌 모든 국가를 하나도 빠짐없이 출간하게 됨을 진심으로 축하드리며 앞으로 더욱 많은 행복과 무궁한 영광이 늘 함께 하기를 바랍니다.

오지전문여행사 〈산하여행사〉

대표이사 임백규

아시아 전 지역 국가들을 5권과 6권에 모두 담았다

한 권의 분량으로 아시아 전 지역 유엔회원국과 비회원국 타이완, 팔레스타인, 남예멘 등의 여행지와 역사에 관한 내용을 소개한다는 것은 매우 어려운 일이라 생각한다. 예를 들어 경북 경주시를 가서 고적을 두루 살펴보려면 일주일은 소요될 것이다. 그러나 불국사, 다보탑, 석가탑, 박물관 등 꼭 봐야 할 명소만 골라서 요약해 보면 1박 2일 정도면 충분할 것이다. 이러한 심정으로 아시아 전 지역 국가들을 하나도 빠짐없이 이 책 한 권에 모두 담으려고 노력을 아끼지 않았다.

그러나 아시아 국가들은 모두가 대한민국과 대륙을 같이하여 지리적으로 가까운 거리에 있으므로 다른 대륙 국가들보다 여행을 많이 갈 수밖에 없었다. 그로 인하여 원고가 많아지는 것은 당연하다. 그래서 아시아는 제5권 동아시아와 동남아시아, 제6권 서남아시아와 아라비아반도, 서아시아, 중앙아시아로 분리하여 출간하기로 했다.

역사는 시간에 공간을 더한 기록물이라고 한다. 너무 많은 양의 역사를 여행서에 보태면 역사책으로 변질될까 우려되는 마음에 역사를 음식의 양념처럼 가미시켜서 언제, 어디서나 흥미진진하게 읽을 수 있게끔 노력하였다.

그러나 동아시아와 동남아시아를 제외하면 일반인들은 국가들의 이름을 알고 있거나 들어는 보았지만 직접 방문하기에는 힘이 드는 국가들이다. 그래서 누구나 아시아 개별 국가들의 개요에 관한 내용을 사실적으로 인지해서 이 책을 읽거나 아시아 국가들을 여행할 시에 이해하기 쉽도록 노력하였다. 또한 이 책 속에 수록된 내용과 지식으로 여행에 관심이 많은 분들께 조금이라도 도움이 되었으면 하는 마음에 지리적으로 국가의 위치나 근대사에 관계되는 내용을 보다 많은 설명을 하기 위해 노력하였다. 그리고 개별 국가들의 생생한 현장을 독자들에게 눈으로라도 대리만족에 기여해볼까 해서 현장을 취재한 사진과 현지 여행안내서에 수록된 사진들을 이 책 5권과 6권에 모두 담아보려고 열과 성의를 다했다.

한 시대를 살아간 수많은 사람에 의해 역사는 이루어지고 사라져 간다. 그래서 나라마다 국가와 민족이 살아서 움직이고 있기에 문화와 예술도 만들어지고 소화 흡수되어 없어지기도 한다. 나라마다 과거와 현재에 대한 역사를 올바르게 인식하고 여행을 해야만 여행자들의 삶의 질이 신정으로 향상되고 성숙되어 간다고 생각한다.

필자는 역사와 문화를 배우는 데 가장 효율적인 방법이 여행이라고 믿어 의심치 않는다. 직접 보고, 듣고, 느끼고, 감동을 받기 때문이다. 백문이 불여일견(百聞不如一見)이라고 한다. '백 번 듣는 것보다 한 번 보는 것이 낫다.'는 말이다. 이 말은 여행을 하고 나서 표현하는 방법으로 전해오고 있다. 우리와 이웃하고 있는 중국은 역사와 문화적인 면에서 예로부터 많은 교류가 있었고 방대한 영토로 인해 오늘날 세계적인 관광 대국을 자처하고 있다. 그래서 필자는 20여 회나 중국을 방문한 적이 있다. 그리고 인도네시아 발리 엠계곡에서 발가벗고 나체로 생활하는 다니족과 하루 일정을 가족처럼 지내 보았던 추억과 네팔에서 경비행기를 타고 세계에서 제일 높은 산(8,848m)인 에베레스트산과 안나프르나봉 등을 가까이에서 볼 수 있었던 감동, 이슬람 수니파의 종주국인 사우디아라비아와 시아파의 종주국인 이란을 방문해서 이슬람의 역사와 문화를 뿌리 깊게 체험하고 그들의 생활 모습과 역사 그리고 문화를 심도있게 집필하는 작가로서 삶의 보람을 느끼며 이스라엘에서 예수 탄생지(마구간)에서부터 십자가의 길 따라 '예수님의 요람에서 무덤'까지의 체험은 살아생전 잊지 못할 추억으로 남아있다. 이 모두가 각고의 노력과 피와 땀으로 이루어진 결과물이라 생각한다.

이 책은 독자들이 새가 되어 아시아 전 지역 국가마다 상공을 날아가며 여행하듯이 적나라하게 표현하였다. 그리고 여행을 진정으로 좋아하는 사람들과 시간이 없어서 여행을 하지 못하는 분들, 건강이 좋지 않아서 여행하지 못하는 사람들, 여건이 허락되지 않아서 여행을 가지 못하는 분들께 이 책이 조금이라도 도움이 되고 보탬이 되었으면 한다.

쉬는 날 휴가처나 가정에서 이 책 5권과 6권으로 아시아 전 지역 국가들의 여행을 기분 좋게 다녀오는 보람과 영광을 함께 하기 바라며 바쁘게 살아가는 와중에도 인생의 재충전을 위하여 바깥세상 구경 한번 해보라고 권하고 싶다. 분명히 보약 같은 친구가 될 것이다.

끝으로 이 책이 제1권에 이어서 제2권, 제3권, 제4권 그리고 제5권과 제6권까지 이 세상에 나오게끔 지구상 오대양 육대주의 어느 나라이든 필자가 원하는, 가보지 않은 나라 여행을 위하여 적극적으로 협조해준 〈산하여행사〉 대표 임백규 사장님과 여행길을 등불처럼 밝혀준 박동희 이사님, 이 책을 쓰고 난 다음 기초작업을 적극적으로 도와준 대구 중외출판사 오성영 실장님, 고객들이 바라는 출판조건에 적극적으로 협조를 아끼지 않으시고 정직하고 성실하게 출판업을 하시는 도서출판 BG북갤러리 대표 최길주 사장님 그리고 삶을 함께하는 우리 가족들과 모두에게 깊은 감사를 드리며 모두의 앞날에 신의 가호와 함께 무궁한 발전과 영광이 늘 함께 하기를 바란다.

2024년 12월 대구에서

박원용

차례 Contents

Part 2. 동남아시아 Southeast Asia

Part 1.
동아시아
East Asia

(타이완, 일본, 몽골, 북한, 한국, 중국)

타이완 Taiwan

중국 푸젠성 동쪽 약 150km 해상에 있는 섬나라 타이완(Taiwan)은 남북으로 길쭉한 섬으로, 중앙에는 타이완산맥이 동서로 분수령을 이루며 뻗어 내려간다. 해안선은 단순하며, 동해안은 절벽이 많으나 서해안에는 기름진 평야로 인해 농작물이 많이 생산된다.

기후는 아열대 계절풍 기후로 비교적 덥고 비가 많이 내린다. 국민의 98%가 중국 본토에서 이주해온 한족이고, 원주민인 고산족은 25만 명 안팎으로 높은 고지대에 살고 있다. 농업은 2모작을 하는 쌀을 비롯하여 사탕수수, 바나나, 차, 파인애플 등 열대작물이 많이 재배된다. 석탄, 석유, 금 등의 광물자원이 생산되며 풍부한 수력 발전을 바탕으로 중공업과 경공업에 걸쳐 다양하게 공업이 발전하고 있다. 중국 공산당이 중국 대륙을 차지한 이후(1949년) 국민당 중화민국 정부가 난징에 있던 정부를 이곳으로 옮겨 국호를 자유중국(自由中國)이라고 선포하였고, 지금은 한자 표기로 대만(臺灣), 영어 표기로는 타이완(Taiwan)이라고 부른다. 타이완섬 주변에는 22개의 작은 섬들이 있으며 대표적으로 란위섬, 뤼다오섬, 샤오류치우섬, 구이산섬, 미엔화

섬, 평자섬 등이 있으며, 다오위다오섬은 영토분쟁 중이나 영유권이 있다.

1971년 당시 중공이 유엔에 가입을 하게 되자 타이완은 유엔에서 탈퇴하였다. 그러나 경제개발을 성공적으로 이룩하여 사회가 안정된 가운데 중국 본토의 중국인들보다 타이완 국민은 훨씬 수준 높은 생활을 누리며 살아가고 있다.

국토면적은 3만 5천980km²이며, 인구는 약 2,400만 명(2023년 기준)이다. 공용어는 중국어이며, 종교는 불교, 기독교, 천주교, 도교 등이 있다.

시차는 한국시각보다 1시간 늦다. 한국이 정오(12시)이면 타이완은 오전 11시가 된다. 환율은 대만 100위안이 한화 약 4,200원으로 통용되며, 전압은 110V/50Hz를 사용하고 있다.

타이완은 필자에게는 세계 다른 여러 국가와는 다르게 특별한 인연과 사연이 있는 니라다. 외국 여행을 처음으로 다녀온 국가이기 때문이다. 그 당시에는 외국 여행을 가고 싶다고 갈 수 있는 시절은 아니었다. 상대방 국가 국민의 초청이 있어야 방문할 수 있는 세월이었다.

타이완 화련라이온스클럽으로부터 초청을 받고 대구에서 서울로 향했다. 그때만 해도 하늘에 떠다니는 비행기는 눈으로는 많이 보았지만 탑승하기는 처음이었던 것으로 기억된다.

설레는 마음과 부푼 가슴을 안고 김포공항 탑승장으로 이동했던 그 날은 잊을 수 없다.

타이완은 《세계는 넓고 갈 곳은 많다》 시리즈 책의 출판에 동기 부여를 한

나라이기도 하다. 그리고 200여 개 국가를 여행하여 나 자신의 삶의 질을 높일 수 있는 발판이 된 국가도 타이완이다.

필자에게 여행은 인생의 전부라고 말해도 과장이 아니다. 꿈속에서 그리던 외국 여행, 자신에게 주어진 인생의 모든 것을 바쳐서 여행으로 얻은 지식과 보고 그리고 느낀 것을 책으로 펴낸 《세계는 넓고 갈 곳은 많다》의 세계여행 작가로서 보람을 느끼며, 하늘과 부모님에게 늘 감사하기도 하다.

대만 고궁박물관에서 가장 유명하다고 할 수 있는 네 개의 보물 중 시가로 환산하면 1조 원이 넘는다는 옥으로 만든 배추, 18겹으로 회전하는 비취 보물은 3대에 걸쳐 만들었다고 한다. 그 외에도 돈피육, 비취 화분 등은 아무리 쳐다보아도 실물과 구분이 되지 않는다.

중국 5,000년 역사를 간직한 세계 4대 박물관 중의 하나인 대만 고궁박물관은 70만 점에 달하는 소장품이 있으며 중국의 찬란한 문화와 역사를 보여주고 있다. 인기 소장품은 상설관 전시로 항상 관람할 수 있으며, 옥, 도자기, 회화, 청동 등의 전시품은 3개월에 한 번씩 교체 전시된다. 이곳의 전시품을 모두 관람하기 위해서는 온종일 둘러봐도 시간이 모자랄 정도로 규모가 크다. 자고로 이곳 소장품은 중국국민당 정부가 공산당 세력에 밀려서 타이완으로 정부를 이전할 시기에 장개석 총통이 5,000년 역사를 간직한 귀중한 중국의 모든 문화재를 정부 이전에 앞서 배 3척과 항공기 3대에 모두 실어 이곳으로 옮겨 왔다고 한다.

대만 호국영령들을 모신 성역 충렬사는 대만 국민혁명과 대일 전쟁 중에

대만 고궁박물관 소장품

충렬사

전사한 애국지사와 장병들의 영령을 모시기 위하여 건립된 성역이다. 1969년 5만여 헥타르의 규모로 건립되었으며, 베이징의 태화전 형태를 빌어 만들어졌다. 이곳에는 전사한 군인들의 사진, 동상, 훈장 등을 모아 놓았으나, 내부는 관광객들에게 개방하지 않는다.

충렬사의 볼거리로는 매시간 행하여지는 위병 교대식을 손꼽을 수 있다. 육군, 해군, 공군 의장대들이 3개월마다 주기적으로 교대 근무를 하는데, 위병들은 정문에서부터 시작하여 본전에 이르기까지 약 100m 되는 거리를 행진하여 교대식을 한다. 위병들의 절도있는 동작과 의식을 통해 또 다른 재미를 느낄 수 있다.

타이베이에는 수많은 사원이 있는데 이 중 용산사는 가장 오래된 전형적인 타이완의 사원이다.

위병교대식

용산사

멋진 건축양식 자체만으로도 둘러볼 가치가 있으며 돌기둥에는 조화롭게 조각된 용 뒤에 역사적인 인물들의 춤추는 모습이 새겨져 있다. 이곳에서는 매일 신도들이 피워놓은 진한 향냄새와 더불어 대만인의 종교 생활을 가까이에서 접할 수 있다. 원래는 1740년에 건립된 것으로 자연 또는 인공적 재해를 입으면서 몇 차례 파괴되었다. 현재의 건물은 1957년에 건립되었다.

101타워 전망대

101타워 전망대는 타이베이의 랜드마크이자 2015년까지 세계에서 가장 빠른 초고속 엘리베이터로 기네스북에 등재되어 있던 타이베이 건축물이다.

101타워 전망대에서는 타이베이의 도시 전경을 볼 기회가 주어진다.

스린야시장(Shilin Night Market)은 대만의 정서와 문화 그리고 먹거리를 한곳에서 체험할 수 있는 야시장이다.

타이베이에서 유명한 야시장 중의 하나인 스린야시장은 온갖 먹거리와 즐길 거리가 넘쳐나는 곳이며, 이곳에서 꼭 먹어봐야 하는 지파이는 저렴하면서도 맛있는 닭튀김이다. 타이베이의 더위를 잊게 해줄 과일 빙수에 우리나라 놀이공원에서나 볼 수 있는 게임을 하다 보면 저녁 시간이 아깝게 느껴질 정도이다. 오후 6시에 장이 서면 보통 새 벽 3시까지 영업을 하는데 주말에는 더 늦게까지 연다.

소원을 담아 하늘로 띄우는 타이베이 여행의 백미 스펀역 '천등 날리기'는 '꽃보다 할배', 대만 영화 '그 시절 우리가 좋아했던 소녀' 등의 다양한 TV와 영화 프로그램에서 소개되었다.

스펀역 천등 날리기

천등 날리기 희망자는 패키지여행으로 오거나 택시투어를 이용한다면 쉽게 접할 수 있다. 오래된 기차 노선인 핑시선의 작은 간이역이었던 스펀은 천등 날리기로 유명세를 떨치고 있다. 기찻길을 사이에 두고 다양한 간식거리와 선물을 살 수 있는 가게들이 늘어서 있으며, 천등에 소원을 담아 하늘로 날려 보내는 사람들을 상시로 볼 수 있다.

대만에서 천등을 날리며 소원을 빌고 싶다면 스펀에 가야 하고, 스펀에 또 다른 명물을 찾는다면 '징안치아오'를 들 수 있다. 도보용 현수교인 징안치아오는 길이가 128m로 스펀 기차역과 마을을 잇고 있다. 흔들리는 다리 아래로 보이는 스펀계곡과 지룽강을 바라보면 아찔하다. 스펀역에서 상점가로 조금 가다 보면 찾을 수 있다.

2008년에 개봉된 유명한 영화 '말할 수 없는 비밀' 촬영지 단수이는 바다를 벗 삼은 낭만의 도시이다.

단수이는 사랑의 항구도시로 불리기도 하는데 아름다운 석양과 특유의 여유로움으로 이성에게 고백하기에 좋은 장소이기 때문이다. 단수이역에서 강이 보이는 방면으로 돌아나가면 해안공원을 지나 왼편에 강을 두고 산책로의 옆길로 들어서면 입구에서부터 붐비는 골목이 보인다. 이곳에서는 단수이의 명물인 톄단(간장에 졸인 계란), 위완탕(어묵탕), 위수위수(튀김과자), 대왕 오징어 튀김 등을 맛볼 수 있으며, 타이완 1960~70년대 골동품 상점, 특산물점 등과 포장마차 사이로 왁자지껄한 사람들의 인파가 골목을 가득 메우고 있다.

먹거리, 즐길 거리, 볼거리가 모여있는 단수이라오제가 펼쳐지는 곳 근처에는 음식점과 소품 가게, 게임장, 길거리 상점들이 대부분이다. 단수이라오제 구경 후 강가에서 노을을 구경하면 너무나 좋다. 주말에는 사람들이 많이 모여서 소규모 공연이나 마임 같은 쇼를 한다.

대만의 인기 메뉴인 훠궈 요리를 깔끔한 훠궈 전문점에서 즐길 수 있다. 특히 마라 훠궈는 사천요리의 매운맛을 잘 느낄 수 있으며, 매운 음식을 못 먹는 사람은 일본식 다시마 국물로 해서 먹을 수도 있다.

독특한 형상의 바위가 즐비한 야류(野柳)해양국립공원이 있는 야류는 타이완 북쪽 해안 지룽의 서쪽에 위치하고 있으며, 타이베이로부터 자동차로 1시간 정도 걸리는 거리에 있다.

야류지질공원의 바위는 석회질로 수천만 년 전부터 파도의 침식과 풍화 작

야류해양공원

용으로 인해 독특한 모양의 바위로 생성된 것으로, 거대한 계란 모양의 바위가 제각기 흩어져 있고, 슬리퍼 모양의 바위는 어부들에게 승강대로 사용된다. 파도가 만들어 놓은 기암괴석들이 독특한 이름을 지니고 있어서 왕관을 쓰고 있는 듯한 여왕머리, 계란바위, 목욕하는 미녀바위 등 파도의 조각 솜씨를 십분 즐길 수 있는 곳이다. 총 세 개 구역으로 나뉘어 관광할 수 있는데, 제1구역은 버섯바위가 밀집되어 있어 버섯바위의 생장 과정을 감상할 수 있다. 또 이곳에는 유명한 촛대 바위가 있다.

제2구역은 1구역과 비슷한 모습을 하고 있으나, 야류의 상징이라 할 수 있는 여왕머리바위가 있다. 이집트의 여왕인 네페르티티의 옆모습을 꼭 닮은 이 바위에는 항상 관광객들이 줄을 지어 사진을 찍는다.

제3구역은 기암괴석과 자연으로 이루어져 있다.

여왕머리바위(출처 : 현지 여행안내서)

지우펀Chiufen)은 타이베이에서 기차나 버스로 1시간 거리에 위치하고 있는데 1989년 베네치아 국제 영화제에서 그랑프리를 수상한 영화 '비정성시(悲情城市)'의 배경이 된 장소이며, 언덕 위에 자리한 독특한 풍경과 옛 대만의 정취에 대한 관심이 모아져 관광지로 각광받게 되었다. 우리나라에선 최근 드라마 '온에어'의 촬영지로 유명세를 타기도 했다. 1920~30년대 아시아 최대의 광석 도시로도 불렸던 이곳은 탄광산업이 쇠퇴하면서 자연환경을 이용한 관광도시로 거듭났다. 언덕을 따라 구불구불 이어진 골목을 따라 각종 상점과 찻집, 음식점이 즐비하다. 한 마을의 꼭대기 '거띵'이라 불리는 곳은 아름다운 마을과 바다를 한눈에 내려다볼 수 있는 장소이기도 하다.

장개석을 기념하기 위해 지어진 중정기념당은 타이베이에서 가장 유명한 관광지로 대만의 영웅 장개석을 위한 기념당이다. 그림같이 조경이 잘된 광대한 정원 가운데 거대한 대리석 건물인 기념관이 서 있고, 우아한 정자, 연못 등이 배치되어 있다. 25톤의 장개석 총통 동상이 본관에서 시내를 바라보고 있으며, 1층 전시실에는 사진과 총통의 생애에 관한 기념품 등이 전시되어 있다. 중정기념당의 높이는 70m이며, 중화 문화의 품격을 잘 반영하고 있는 건축물이다. 외부는 청색과 흰색 두 가지를 주로 사용했다.

장개석 총통 집무실

젊음과 영화의 거리, 서문정(西門町)은 서울의 명동과 같은 번화한 거리다. 타이베이시의 서쪽, 타이베이역의 남서쪽에 있는 약 600m의 거리를 지칭하는데, 상점가와 영화관, 유흥가 등이 밀집되어 있다. 이곳은 특히 동쪽의 상점가에 비해 더 서민적이고 학생들이 많이 모이는 편이다. 그래서인지 이곳은 영화관이 밀집된 곳으로도 유명한데, 이 때문에 '영화의 거리'라 불리기도 한다.

발 마사지를 하는 이유는 발은 전신의 혈이 밀집된 곳으로, 발 마사지를 통해 체내의 독소를 배출해 주고 신진대사의 기능을 강화해 준다고 한다. 여행으로 피곤함에 지친 발을 이 기회에 시원하게 풀어주면서 여행을 마무리하고 공항으로 이동했다.

장개석을 기념하는 중정기념당

일본 Japan

동부 아시아의 북동에서 남서 방향으로 이어지는 아시아 대륙 동부를 방파제와 같이 길게 감싸는 열도의 나라 일본(Japan)은 대륙 문화에 크게 의존하면서도, 섬나라의 독특한 풍속과 문화를 누려왔고 밀려드는 근대 서양 문화를 가장 먼저 받아들였다.

대한해협을 사이에 두고 우리와 가까운 거리에 있기 때문에 우리나라에서 새로운 문물을 도입해 가거나 때로는 노략질을 하여 역사적으로 밀접한 관계를 맺어 왔다.

그러나 1910년 한일합방(경술국치)으로 인해 대한제국은 치욕적인 일제강점하에 들어갔으며 제2차 세계대전(1945년)에서 일본이 패전국이 되면서 우리나라는 해방을 맞이하였다. 그 후 1965년 한일협정이 맺어진 후 두 나라는 같은 동부 아시아의 자유주의 국가로서 새로운 선린관계를 유지하기 위해 노력하고 있지만, 과거 한국인들의 강제징집과 위안부 강제 모집 사건으로 인해 지금도 평화 협정이 이루어지지 못하고 있으며 가끔 껄끄러운 관계로 정치권이나 국민들 사이의 입에 자주 오르내리고 있다.

활 모양으로 늘어선 일본 열도는 북에서부터 홋카이도, 혼슈, 시코쿠, 큐슈 등의 커다란 4개의 섬을 중심으로 약 3,400개에 이르는 섬들로 이루어져 있다. 환태평양 조산지대의 일부로서 지질구조가 매우 복잡하며 지진과 화산활동이 활발하다.

일본인의 기원은 여러 설이 있으나 몽고인종 중 북방계에 속하는 일본족으로 분류되면서 알타이어족에 속하는 일본어를 사용한다. 4세기 무렵 천황을 중심으로 야마모토 조정이 성립되어 전국에 세력을 넓혀 나갔다. 그러나 12세기 이후 무사 계급의 봉건 영주들이 대두되면서 이른바 막부로 대표되는 무인 정치가 오래 계속되었다.

1868년 무인정치가 끝나고 메이지 유신으로 일컬어지는 개혁이 이루어지면서 서양의 근대 산업 문명을 적극적으로 받아들여서 공업화와 함께 일본은 군국주의로 치달아 청 · 일전쟁과 러 · 일전쟁을 성공적으로 치르면서 한국의 주권을 침털하여 대륙 침략의 발핀을 굳혔다.

그러나 중일전쟁과 제2차 세계대전을 거쳐 패망의 길로 접어들었다가 우리나라의 6 · 25 사변과 월남전쟁 때 공업국으로서 물자공급으로 번영을 누렸으며, 지금은 세계적인 경제 대국으로 성장하였다.

국토면적은 37만 7,975km^{2}이며, 인구는 1억 2,329만 4,500명(2003년 기준)이다. 수도는 도쿄(Tokyo)이며, 공용어는 일본어이다. 종교는 불교를 비롯하여 일본 고유의 신앙인 신도(神道)를 주로 믿으며 기독교와 여러 가지 신흥 종교들도 있다. 시차는 한국시각과 동일하며, 환율은 일본 100엔이 한화 약 910원으로 통용된다. 전압은 110V~220V/50Hz를 사용하고 있다.

도쿄는 일본 열도를 중심으로 하는 혼슈(本州) 한복판에 위치하고 있으며 태평양을 이웃하고 있다. 그로 인하여 100km의 드넓은 평야지대를 이루고 있어 19세기 초반부터 비약적인 발전으로 지금은 세계적인 대도시로 성장하였다. 일본 열도의 정치 · 경제 · 사회 · 문화면에서 중심축을 이루고 있으며 명실상부한 일본의 수도이자 제1의 도시이다.

우리 일행들은 도쿄의 복잡한 시내를 벗어나기 위해 일본 열도의 상징인 후지산으로 향했다. 해발 3,076m를 자랑하는 일본의 최고봉 후지산은 산악인이 아니면 정상에는 도전할 수 없다.

그래서 산기슭 해발 2,305m 지점 오합목에 전망대가 있어 관광객들은 버

후지산(출처 : 현지 여행안내서)

스로 이곳까지만 오를 수 있다.

오늘이 2016년 5월 15일이다. 정상에는 흰 눈이 만년설처럼 덮여 있다.

우리 일행들은 눈 덮인 후지산을 배경으로 기념 촬영을 하고 카페에서 모두가 따끈따끈한 커피를 한 잔씩 마시고 하산길로 접어들었다.

오항목

레인보우 브리지(Rainbow Bridge)는 오다이바와 도쿄 시내를 연결하는 다리로 일주일에 일곱 번 조명이 바뀌는 다리로 유명하다. 바로 이웃에는 일본 자유의 여신상이 세워져 있다. 이 자유의 여신상은 원래 프랑스에서 제작하여 미국 독립 100주년을 기념하여 프랑스가 미국에 선물한 기념물이다(필자가 저술한 《세계는 넓고 갈 곳은 많다》 2권에 상세히 기록되어 있다). 이에 대한 보답으로 미국은 프랑스 혁명 100주년을 기념하여 모양이 똑같고 크기가 작은 미니 자유의 여신상을 프랑스에 보답으로 기증하였다.

일본은 이 기증본을 1998~1999년 2년간 빌려서 이곳에 전시하였는데 반환 기간이 돌아오자 몹시 아쉬웠던 모양이다. 결국에는 복제품을 제작하여 그때 그 자리에 세워 놓았다. 이곳에서 레인보우 브리지를 감상하면 너무나 아름다워 여행객들이 수시로 많이 몰려오는 곳이기도 하다. 그리고 천황별장으로 이동해서 여유롭게 산책을 즐기고 물 좋고 공기 좋은 아시호수로 향했다. 아시호수에서는 유람선을 타고 김해공항에서 구매한 양주 발렌타인 뚜껑을 열어 일행 모두가 술잔을 주고받으면서 즐거운 시간을 가졌다.

미니 자유의 여신상

일본 열도에서 온천지역의 대명사로 불리는 벳푸는 예나 지금이나 온천욕을 즐기는 여행자나 고객들로부터 많은 사랑을 받고 있다. 지역마다 온천에서 피어오르는 뿌연 수증기로 인해 도시 전체가 들끓는 모습으로 보인다. 그래서 온천지역을 관광하거나 온천탕에 입장하여 온천욕을 즐기는 것 외에는 별도의 설명이 필요 없다. 주민들도 온천탕을 운영하거나 온천탕 종사자들이 절대다수를 차지한다. 벳푸의 총인구는 20만 명에 불과하지만, 해마다 이곳을 찾는 관광객들은 도쿄 인구와 맞먹는 1,300~1,400만 명으로 집계된다.

우리 일행들은 난생처음 남녀 혼탕에서 온천욕을 즐길 수 있는 기회가 주어져 일부 회원들과 온천탕에 입장했다. 그러나 생각하는 마음과는 달리 별다른 심정이나 감정도 없이 온천욕을 즐겼다. 그러나 여행을 많이 하는 이유

벳부온천

로 남녀 혼탕에서도 온천욕을 즐길 수 있었다는 것을 추억으로 남기고 온천탕과 헤어졌다.

나가사키는 지리적으로 우리나라와 근접해 있는 항구도시다.

일찍이 16세기부터 서양문물을 받아들인 개항의 도시이기도 하다. 그러나 히로시마와 더불어 미군에 의한 원자폭탄 투하지역으로 선별되어 세계인들의 머릿속에 지워지지 않는 도시로 남아있다. 미군의 원폭 투하지역으로 선정된 이유는 그 당시 동남아시아의 국가들을 무자비하게 점령하던 일본군의 전함을 만들던 지역이었기 때문이다. 당시 원폭 투하(1945년 8월 9일 11시 2분)로 인해 나가사키 도시의 절반 이상이 형체도 알아볼 수 없게 순식간에

원자폭탄 투하지역(출처 : 현지 여행안내서)

잿더미로 변해버렸고 인명 피해는 사망자 73,884명, 부상자 74,909명으로 집계되었다.

나가사키에 투하된 원자폭탄은 핵분열성 물질(플루토늄 등)이 핵분열을 일으킬 때 발생하는 에너지를 무기로 이용한 것으로 통상적인 폭탄에 비해 훨씬 큰 파괴력을 가지고 있다. 또한 핵분열을 일으킬 때 발생하는 감마선이나 중성자선과 같은 방사선은 오랜 기간에 걸쳐 인체에 심각한 장애를 가져온다.

나가사키에 투하된 원자폭탄은 길이가 3.25m, 직경이 1.5m, 무게가 4.5톤으로 그 생긴 모양 때문에 '패트맨(뚱보)'이라고 불렸다. 폭발했을 당시 고성능 폭약 21,000톤에 해당하는 에너지가 방출되었다. 에너지의 내역은 폭

나가사키에 투하된 원자폭탄 실물모형

나가사키원폭자료관(출처 : 현지 여행안내서)

풍이 약 50%, 열선이 약 35%, 방사선이 약 15%로 이러한 것들이 복합되어 나가사키 거리에 아주 막대한 피해를 가져오게 하였다.

그리고 나가시키 원폭 자료관은 A관, B관, C관으로 구분되어 있는데 A관에는 1945년 8월 9일 원폭 투하 장면들을 기록문서나 사진으로 전시되어 있으며, B관은 원폭에 의한 피해 실상을 투하 직후부터 참상을 재현하여 원폭의 파괴력과 공포를 알려주고 있다. C관은 핵무기가 없는 세상을 위하여 핵무기 개발의 역사와 전후 국제정세 등 반핵운동에 대한 연대표를 작성해 기록으로 남기고 있다.

도쿄에 이어 일본에서 두 번째로 큰 도시 오사카는 행정구역은 작아도 도쿄 다음으로 인구가 많은 도시로, 무역과 상업, 산업 등으로 경제 대국 일본에서 중추적인 역할을 하는 대도시이다.

오사카성(출처 : 현지 여행안내서)

과거에 대한 역사를 살펴보면 오사카는 1583년 도요토미 히데요시가 오사카 축성을 시작으로 비약적인 발전을 거듭했다고 볼 수 있다. 나고야성, 구마모토성과 함께 일본의 3대 성으로 불리는 오사카성은 1,400년간 이어온 오사카의 역사를 대변하는 오사카 관광의 시발점이라고도 할 수 있다. 오사카성은 지상 55m, 8층 높이의 누각으로 우리나라에도 잘 알려진 이름 도요토미 히데요시가 축성했다.

잦은 변란을 거치면서 재건을 거듭해오다가 1931년 병풍에 그려진 오사카성 그림을 참고해서 철근콘크리트 건물로 만든 것이 현재의 모습이다.

오사카성 중심부에 자리 잡은 천수각에는 그 시대 유품들이 전시되어 있으며 오사카 인근을 바라볼 수 있는 전망대가 최상층에 마련되어 있다. 오사카성은 온통 자연에 둘러싸여 있어 가볍게 산책하기에도 좋다. 봄이면 벚꽃이 만발하는 등 사시사철 절경을 이룬다. 특히 성의

천수각(출처 : 현지 여행안내서)

하단부를 둘러싼 가파른 벽은 일본 각지에서 수송된 거석으로 쌓았으며, 천수각 지붕의 여덟 마리 범고래 조각과 건물 외벽을 치장한 여덟 마리의 범 모양은 모두가 황금빛 찬란한 금으로 장식되어 있다.

금각사(출처 : 현지 여행안내서)

금각사라는 이 사찰은 1397년에 건립된 사찰로 정식명칭은 녹원사(鹿苑寺)이다. 교토에서 제일 유명한 이 사찰은 2층과 3층에 옻칠을 한 뒤 순금으로 금박을 입히고 지붕은 편백 엷은 판을 몇 겹씩 겹쳐 만든 널조각으로 이어 그 위에는 길조라고 불리는 봉황이 그 아름다운 자태를 뽐내고 있다. 1층은 침전식 건축물로서 법수원, 2층은 무가식 전통 건축물로서 조온도라고 불리고 있다. 3층은 중국식의 선종 불당 건축물로 구경정이라고 불리며 세 가지 건축양식이 아름답게 조화를 이룬 무로마치 시대의 대표적인 건축물이다.

1987년 가을 다시 옻칠을 한 뒤 금박을 새로 입혔으며 천장 그림과 요시미토는 2003년 봄에 지붕을 새로 이었다고 한다. 그리고 유네스코 세계 문화유산으로 지정된 사찰이다.

홋카이도는 일본 열도의 북단에 있는 섬이다. 면적은 8만 3451.7km^{2}이고, 인구는 569만 2,000명(2024년 기준)이다.

홋카이도 여행 일정은 2015년 8월 9일이다.

평소 골프를 좋아하는 친구의 성화에 못 이겨 친구 8명이 짝을 맞추어 운동 겸 관광을 위해 홋카이도 도청 소재지 삿포로를 방문하기로 했다. 홋카이도는 북위 45도 지역에 위치하고 있어 여름에는 피서지로 유명하고 겨울에는 일본에서 눈이 제일 많이 오는 지역으로 눈꽃축제로 관광객이 많이 몰려오는 지역이다.

현지에서 1박 2일 운동을 하고 오늘은 관광으로 삿포로 시내를 구경하는 날이다. 그런데 현지 가이드가 출발과 동시에 오늘은 문화대극장에서 연극관람이 일정에 포함돼 있다고 한다. 제목은 행주 기생과 기생 3명이 도요토미 히데요시에게 수청을 드는 내용이라고 한다. 그리고 도요토미 히데요시 역은 관람객 중에서 선발하는데 이왕이면 우리 일행들 중의 한 명이 선발되었으면 하는 마음이 간절하단다. 그래서 즉석에서 바로 필자가 참가하겠다고 전했다. 그리고 지원 사격으로 필자가 젊은 시절에 연극영화 학원에 다닌 적이 있다고 한마디 더 추가했다. 그리고 극장으로 향했다.

문화대극장은 관람객 약 500명을 수용할 수 있는 대형극장이며 좌석이 없을 정도로 관람객들이 극장을 가득 메우고 있었다. 예정된 시간이 다가오자 사회자가 도요토미 히데요시 역에 관심이 있는 분은 단상으로 올라오라고 한다. 필자는 제일 먼저 씩씩하게 단상으로 올라갔다. 뒤를 이어 세계 각국에서 온 여행자들 7명이 단상으로 올라왔다. 선발 방법은 가위바위보로 진행하겠다고 한다. 그리고 단상을 향해 일렬로 나란히 서 보라고 한다.

그리고 구령에 맞추어 하늘을 향해 가위, 바위, 보 중에서 선택을 하라고 한다. '가위, 바위, 보!' 하는 순간 극장 내에는 함성과 폭소가 터져 나왔다. 다름이 아니고 필자 혼자 보를 내고 다른 6명은 모두가 바위(주먹)를 내는 장면이 연출되었기 때문이다. 잠시 후 진행자가 필자를 사무실로 안내한다. 그리고 10여 분간 필자를 도요토미 히데요시로 분장을 시킨다. 그리고 연기를 잘하면 상품을 드린다고 하며 접이식 부채를 손에 쥐어준다. 자세히 보니 부채에는 대본이 적혀있다. 연극은 전속 기생들과 1시간 정도 진행되었다. 연극이 막을 내리고 감독은 지금까지 출연자 중에 선생님이 제일 잘했다고 칭찬을 아끼지 않는다. 그리고 극장을 나오는 순간 방송국과 신문사 기자들이

행주 기생과 도요토미 히데요시

따라 나오고 일반 관람객들은 필자를 보고 "문화극장 전속 배우지요!"라고 하며 사인을 부탁한다. 차례로 10여 명에게 사인을 해 주고 바쁘다는 핑계로 그들과 헤어졌다.

교토에는 귀 무덤이 있다. 임진왜란과 정유재란 시에 왜군은 전과를 올리기 위해 조선인의 목을 베어 본국으로 보내다가 목의 수가 늘어나 감당이 안 되자 이들은 아예 코나 귀를 잘라 소금에 절여 도요토미 히데요시에게 보내주었다고 한다. 전후 그렇게 보내온 귀나 코를 한데 모아 묻어버리니 자연스럽게 귀 무덤이 되어 지금도 그 모습이 현장 그대로 남아있다. 한국인으로서 참담한 사건의 현장이 아닐 수가 없다.

야스쿠니 신사는 동아시아와 동남아시아 여러 나라와 깊은 관계가 있는 신사이다. 일본은 제2차 세계대전으로 패망한 후 일본 헌법에 군사 재무장을 절대로 하지 않는다고 못을 박아놓고 1979년에는 제2차 세계대전의 A급 전범자들을 위패까지 모셔 놓고 신격화시켰다. 처음에는 점령국가들의 눈치를 보는 듯하더니 지금은 아예 새로운 내각이 들어서면 연례행사처럼 야스쿠니 신사를 참배하고 있다. 말로는 국제평화를 외치고 속으로는 군사 대국의 꿈을 꾸는 민족으로 가끔씩 관계국가들을 자극하는 꼴이 된다. 그리고 일본에 다섯 번 여행을 하면서 현지 한인 3세들(현지 가이드)에게 자주 듣는 두견새 울리는 고사가 있다. 성격이 급하고 참을성이 없는 오다 노부나가는 두견새가 울지 않으면 죽여버린다고 설쳐 통일의 대업을 코앞에 놓고 천하를 빼앗겼다.

지혜가 많고 꾀가 많은 도요토미 히데요시는 두견새가 울지 않으면 울게 하라는 식으로 밀어붙이는 성격이라 통일의 대업을 완성했고, 느긋하고 신중한 성격의 소유자 도쿠가와 이에야스는 두견새가 울지 않으면 울 때까지 기다린다는 자신의 철학으로, 도요토미 히데요시가 죽고 나서 오사카성을 쳐부수고 새로운 막부시대를 열어 최후의 승자가 되었다.

이를 오늘날 복잡한 사회를 살아가는 모든 사람이 행동지침으로 참고하길 바라며 일본 열도 여행을 마칠까 한다.

몽골 Mongolia

칭기즈칸의 후예들이 만든 푸른 초원의 나라 몽골(Mongolia)은 '용감함'이라는 뜻을 지닌 부족 명에서 기인한다. 몽골은 부족의 힘이 성장함으로써 민족명으로 자리 잡았으며 러시아와 중국 사이 중앙아시아 고원지대에 있는 내륙국가이다.

'파란 하늘의 나라'로 알려진 몽골은 연중 250일 동안 해가 비치는 맑은 날을 즐길 수 있다. 여름은 따뜻하고, 겨울은 극도의 추운 날씨를 보이며 사계절이 뚜렷한 편이나, 겨울이 10월부터 다음 해 4월까지로 제일 길다. 봄과 여름, 가을이 모두 합해서 5개월 정도밖에 안 된다. 11월에서 3월까지는 평균 기온이 냉점 이하인 −24℃로 떨어지고, 여름은 평균 기온이 20℃에 이르러 계절 간 기온 차도 매우 큰 편이다. 연평균 강수량은 254mm로 매우 적어 전형적인 대륙성 기후를 지니고 있다.

문화적으로 몽골인의 생활은 유목 생활로 가축과 밀접하게 연결되어 있다. 도시화에도 불구하고 전통적인 삶의 방식을 유지하고 있으며, 몽골인들이 진지하게 받아들인 티베트불교는 티베트와 몽골 사이의 연결고리로써 역사가 깊다.

행정구역은 21개 지역, 하나의 수도, 2개의 자치도시(Darkhan, Erdenet, Choir)로 구성되어 있으며, 지역 예하에는 298개의 소지역으로 나누어져 있다. 가장 큰 지역은 남쪽 고비(Gobi) 지역으로 면적이 165,000km^{2}이며, 혹독한 기후 때문에 인구가 겨우 약 42,400명으로 가장 적은 사람들이 살고 있다.

지형적으로는 거대한 산들로 둘러싸인 지역으로 그 면적이 한반도의 7.5배에 달한다. 몽골은 세계에서 가장 높은 지대에 위치한 나라로, 평균 고도가 해발 1,580m에 이르며 몽골 국토의 21%를 동남쪽의 고비사막이 차지하고 있다. 몽골 북쪽으로는 러시아와의 국경이 3,000km, 남쪽으로 중국과는 4,670km에 달한다. 북쪽에서 남쪽까지는 산림목초지대와 산림초원지대인 몽골에는 4,000여 개에 달하는 호수와 강이 있다. 남부는 사막지대 등이 있다.

정식명칭은 몽골리아(The Republic of Mongolia)이며, 수도는 울란바토르(Ulaanbaatar)이다. 면적은 156만 4,116km^{2}이고, 인구는 349만 3,629명(2024년 기준)이다. 민족구성은 몽골족(79%), 카자흐족(6%), 중국계(2%)와 17개 부족이 있다. 공용어는 할하 몽골어, 종교는 라마교(티베트불교, 94%), 이슬람교(6%) 등이다.

시차는 한국시각보다 1시간 늦다. 한국이 정오(12시)이면 몽골리아는 오전 11시가 된다. 환율은 한화 3,000원이 몽골리아 10,000투그릭 정도로 통용되며, 전압은 220V/50Hz를 사용한다.

칭기즈칸 어진(출처 : 현지 여행안내서)

실크로드를 개척한 칭기즈칸은 13세기 몽골의 여러 유목민을 하나로 통일한 것을 시작으로, 아시아와 유럽, 러시아까지 점령하면서 인류 역사상 최대의 제국을 건설하였다. 기원전 10~20만 년 전 석기시대부터 고비 남부지역에 인류가 살기 시작하여, 기원전 400년경 오르도스에서 청동기문화가 나타나기 시작했다. 철기시대에 이르러 부족연합을 구성하여 중국을 견제하고 러시아, 한반도에 이르는 세력의 확장을 시도했다.

몽골계와 투르크계의 분할된 유목 부족을 13세기 초 칭기즈칸이 연합시킨 후, 이듬해인 1206년 칭기즈칸은 몽골 부족을 통일하여 4명의 아들을 통해 제국을 분할하여 다스렸다. 1227년 칭기즈칸이 서거하기 전까지 송 · 금 · 북중국 · 서요(카라 키타이) · 러시아 침공, 탕구트 침략 등 수많은 정복사업을 펼침으로써, 인류 역사상 가장 거대한 제국으로 남게 되었다. 1279년 칭기즈칸의 손자인 쿠빌라이 칸은 최초의 국가인 원나라를 세웠으나 1368년 명에 의해 몰락하여 몽골은 고비사막으로 도망치게 된다. 한족인 명에 의해 쫓겨난 몽골은 13세기의 모습을 지닌 채 그들만의 고립된 형태로 남게 된다.

칭기즈칸 동상

이후 1616년 청나라의 속국을 겪고, 1911년 한족계가 청을 물리치고, 중화민국을 세울 때 몽골은 독립하게 되었다. 그러나 러시아의 원조에도 불구하고 중국의 침공으로 외몽골은 중국으로 되돌아가게 된다. 이후 러시아군과 중국군으로부터 1924년 11월에서야 완전한 독립을 하게 되면서 국호를 '몽골인민공화국'으로 정하고, 군주제를 공화제로 고쳐 소련에 이어 2번째로 공산주의 국가를 이뤘다. 이후 소련과 역사를 같이 했던 몽골의 생활 양식과 사고방식 등은 소련의 것과 유사한 서구 스타일을 보이고 있다. 1946년 중국으로부터 정식 분리 독립 후 1961년 UN에 가입하게 되었다.

원나라 태조인 칭기즈칸(본명은 태무진(鐵木眞), 한국어 철목진)은 몽골 부족의 아들로 태어나 28세 때 부족 동맹의 우두머리로 추대되었다. 그리고 44

칭기즈칸 기념관

세에(1206년) 전 국토의 부족을 통일하였다. 13세기 초 몽골족은 칭기즈칸('왕 중의 왕'이라는 뜻)에 의해 1세기(100년) 동안 지구 역사상 세계 최대의 제국을 건설했다. 동쪽 한반도(우리나라)를 비롯하여 서쪽은 헝가리, 이라크 지역, 남쪽은 중국과 베트남 지역, 북쪽은 러시아 모스크바 지역에 이르기까지 방대한 영토를 차지했다. 이것은 유럽을 제패한 로마제국의 2배에 가까운 영토이다. 그리고 칭기즈칸은 1227년(제위 22년) 66세의 나이로 병사하기 직전 장남 주치에게 러시아 남쪽 일대를 물려주고 차남 차기타이에게 오늘날 중앙아시아 5개국 지역을, 3남 요코타이에게는 지금의 지중해 부근(이라크, 헝가리 등) 지역을 넘겨주고 4남 막내 툴루이에게 몽골의 본토를 맡기고 이승을 하직했다. 그 후 원나라 세조 몽골의 5대 황제 칭기즈칸의 손자 쿠빌라이(khubilai)는 남송을 쳐서 중국을 통일하고 수도를 카라코룸에서 베이징으로 천도하여 국호를 원나라로 명하였다. 그리고 원나라 제10대 순조 때 명나라(남경 홍건적의 대장) 주원장의 침략을 받아 몽골 본토로 쫓겨 가고 근래에 와서는 50년 가까이 러시아의 지배를 당했다. 1992년 소련이 붕괴하면서 여러 위성 국가들과 같이 독립을 하고 국호를 몽골리아로 개명하였다. 일반인들의 생각으로 몽골리아가 중국풍이라고 생각하지만 50년 식민지배로 인해 현재는 러시아풍으로 변해 있다.

현재의 몽골리아 영토는 북쪽으로는 러시아 바이칼호수, 동쪽은 중국의 동북 조성, 남쪽은 중국의 고비사막, 서쪽은 러시아와 중국의 국경을 접하고 있다. 몽골 고원의 평균 높이는 1,500m로 우리나라의 태백산 높이와 비슷하다. 면적은 약 156만 4,000km^{2}로 남한의 16배 정도이며 초원이 남한의 4배에 이른다.

현지 언어로 몽골이라는 뜻은 '용감한 전사의 나라'라는 뜻이고, 몽고는 '어리석고 낡은' 뜻이다. 명나라 때 중국인들이 몽골족을 무시해서 부르던 이름이다. 독립 당시에는 인구가 64만 명이지만 인구 증가 정책으로 인해 지금은 약 350만 명에 이른다. 여담으로 옛날에 몽골에는 귀한 손님이 오면 아내를 무상으로 빌려준다는 말이 있다. 이유는 인구가 적어 근친혼인으로 인해 변변하지 못한 자손들이 태어나 귀한 손님의 씨를 받아서 훌륭한 종족을 번식시키기 위해 저녁 식사를 대접한 후에 아내와 손님을 안방으로 모셨다고 한다. 요즈음은 시대적 변화로 몽골리아 전 지역에 지금은 소설 같은 이야기로 전해지고 있다. 반면에 자식을 4명 낳으면 정부에서 훈장을 준다고 한다. 몽

몽골리아 전통가옥(게르)

골리아의 결혼 연령은 22~25세 사이로, 인구 증가 정책으로 효과를 보고 있으며, 평균 수명은 남 68세, 여 70세라고 한다.

몽골리아는 1년 365일 중의 265일은 파란 하늘을 볼 수 있다고 한다. 그래서 국민 모두의 시력이 한국인의 배 이상으로 좋다고 한다. 이렇게 청정한 자연환경에 여행객들이 거쳐야 할 필수 관광코스는 밤하늘에 찬란한 별빛 감상투어, 전통주택(게르)에서 4명씩 숙박 체험, 말을 타고 시냇가에 맑은 물이 흐르는 끝없는 대초원을 달려보는 승마체험 등이다. 아마 영원히 잊지 못할 추억으로 남을 것이다.

승마체험에 등장하는 말들은 첫째, 키가 작고, 머리가 크고, 귀가 작고 몸통이 길며, 꼬리가 크다. 그래서 전쟁터에서 적의 표적에 노출이 적어 기마

전투로 유라시아를 정복한 칭기즈 칸에게는 전승의 일등공신이었다고 한다. 그리고 몽골리아에 말이 있다면 중동에는 염소와 양이 있고, 티베트에는 야크가 있다. 또한 남미에는 야마가 있고, 아프리카에는 물소가 있다. 이들 모두가 인간과의 밀접한 관계가 있는 동물들이다. 몽골리아에는 추위를 이기기 위한 전통복장이 있는데, 모자는 말가이라고 하고, 의복은 델이라고 하며, 신발은 고달이라고 한다.

승마체험

그리고 현지 가이드는 비닐이 썩으려면 100년, 플라스틱 용기는 500년, 유리병은 4,000년이 걸린다고 하며, 여행 기간에 문화인으로서 쓰레기를 함부로 버리지 말 것을 당부한다.

몽골리아 전통복장

울란바토르는 몽골의 수도이자 정치, 상업, 문화의 중심지이다. 외국인들에 의해 흔히 UB로 불리는 울란바토르('붉은 영웅'이라는 뜻)는 1950년대 을씨년스러운 유럽의 한 도시를 연상시키는 모습과 느낌을 보여준다. 구소련제 자동차들은 점차 최신형 일제 모델로 바뀌고 있는데, 다른 한 곳에서는 여전히 소 떼들이 거리를 어슬렁거리고 염소들이 쓰레기통을 뒤지는 모습이 발견된다. 또한 몽골의 전통복장을 한 사람들과 서구화되어 세련된 복장을 한 사람들이 거리에 혼재하고 있는 장면도 발견할 수 있다. 70만 명의 인구가 살고 있으며, 이 중 3분의 2는 젊은이와 어린이들이다.

1649년 라마묘(廟)를 창건한 이래 몽골은 라마교 본산으로서 발전하였고, 18세기는 러시아 · 청(淸) 양국의 중계무역지가 되어 더욱 번창하였다. 1911년은 외몽골의 독립과 함께 그 수도가 되었고, 1921년 혁명으로 공화국이 성립되면서 라마교적 색채는 거의 사라지고 겨우 절 하나만 남았다. 1924년에 울란바토르로 개칭하고 몽골의 정치 · 경제 · 문화면에서 새로운 중심지가 되었다.

또한 재미있는 볼거리 중 하나가 거리 위의 수많은 한국자동차이다. 울란바토르 도시의 전체 자동차 중 약 70%가 한국산 자동차라고 하는 것만 보아도 이곳에서 한국 자동차의 인기를 짐작할 수 있다. 그 종류도 소나타, 갤로퍼를 비롯해 승합차, 시내버스까지 한국산이 일색이다. 심지어 ㅇㅇ학원, ㅇㅇ중학교 등 한국에서 스쿨버스로 쓰이던 버스들이 글자도 지우지 않은 채 다니는 차들도 많다.

기후는 일교차가 매우 심해서 여름의 낮에는 34~35℃까지 올라갔다가 밤에는 15℃로 내려간다. 날씨는 매우 맑은 편인데, 대부분의 비가 6월 말과 7

월 사이에 집중되어 있고 강수량 또한 적어서 대단히 건조하다. 낮이 매우 길어서 현지시각으로 저녁 9시가 되어도 환하며 완전히 해가 질 때까지는 30분 정도가 더 걸린다. 7, 8월에는 가끔 백야 현상도 볼 수 있다고 한다.

또 울란바토르를 중심으로 주변에 볼거리들이 많은데, 몽골에서 가장 유명한 관광지는 울란바토르 서쪽 300km 지점에 있는 고도 하라흐름으로 13세기 칭기즈칸이 부족을 통일한 뒤 세계의 패권을 장악하기 위해 세운 도시다.

이곳에서 몽골은 200여 년이라는 세월 동안 동서양에 막대한 영향력을 행사했다. 유적지로 100개의 보석이라는 뜻의 에르덴조(Erdenezuu)라는 대사원이 유명하다. 하라흐름에서 80km 떨어진 후르후레는 오르홍강 상류에 있어서 초원과 강을 모두 볼 수 있는 곳으로, 특히 장대한 폭포가 아름답다. 또 울란바토르와 하라흐름 사이에 있는 바양고비에는 사막과 대초원이 함께 펼쳐져 있다. 이곳에서는 말을 타고 초원을 달리며 유목민들의 문화를 체험할 수 있다.

고비사막도 둘러볼 만한 곳 중의 하나인데, 이곳은 울란바토르에서 국내선 비행기로 1시간 30분 거리에 있으며, 사막에는 희귀한 동식물이 살고 있다. 낙타를 타고 트레킹을 할 수 있는 이곳은 과거 공룡서식지로 화석도 많이 발견돼 고고학 유적지로도 많이 알려져 있다.

유네스코 지정 세계자연문화유산인 테를지 국립공원은 몽골 수도에서 약 120km 떨어져 있다. 몽골에서 가장 대표적인 관광지로 주위는 울창한 나무로 둘러싸여 있고, 깨끗한 강물과 하천이 그 사이를 통과하고, 넓은 초원까지 갖추고 있어서 몽골의 청정한 자연을 느낄 수 있는 곳이다. 테를지라는 지

거북바위

명에는 두 가지 의견이 있는데, 한 가지는 진달랫과에 속하는 식물의 이름에서 왔다는 견해가 있다. 즉, 몽골의 식물은 높은 습지에서 자라는 고산 식물의 하나로 가시 석남 혹은 그냥 석남이라고 부르는데, 테를지와 같은 지형에서 많이 볼 수 있는 식물이다. 다른 것은 테를지라는 지명이 인명에서 나왔다는 의견인데 이곳에서 살았던 '테를지마'라는 여자의 이름에서 나왔다고 지역 사람들은 믿고 있기도 하다. 테를지의 거대한 거북바위와 뒤에는 테를지를 상징하는 옷을 벗고 누워있는 모습을 한 여자바위가 있는데 이 바위의 이름이 '테를지마'라고 한다. 이곳은 1976년부터 관광지로 개발되기 시작했고, 1993년부터 국립공원으로 보호를 받게 되었다. 이곳에 사는 유목민들은 여름에는 관광객들을 위해서 테를지에서 유목 생활을 하고, 겨울에는 자녀들의 학업을 위해서 도시로 나간다. 테를지는 몽골을 방문하는 외국인들에게 필수 관광코스로 통한다. 이것은 몽골인들 사이에도 마찬가지이다. 테를지가 국내외적으로 몽골의 대표적인 관광코스가 된 것은 수려한 자연환경뿐 아니라 더불어서 몽골의 전통적인 유목문화를 보고, 느끼고, 체험할 수 있는 기회를 제공해주기 때문이다.

첫째로 테를지에 가면 몽골 전통 가옥인 게르에서 유목민들의 삶을 간접적으로나마 경험할 수 있다.

둘째로 울란바토르 호텔, 칭기즈칸 호텔 그리고 몽골 국영 관광공사가 직영하는 캠프 근처에서 유목민들의 일상적인 삶을 경험하고 맛볼 수 있도록 유목민들의 게르가 있다. 그러므로 유목민들의 일상적인 생활을 볼 수 있고, 그들이 매일 마시는 우유 차, 우유를 발효시킨 요구르트, 마유주, 우유를 증류한 전통적인 몽골 술 등을 직접 먹어 볼 수 있다. 그 외에도 다양한 몽골의 음식을 직접 유목민들의 집에서 맛볼 수도 있다.

셋째로 양을 바로 현장에서 잡아서 허르헉이라는 유목 음식을 만들어 먹을 수도 있다. 허르헉의 요리방법은 강에서 주어 온 깨끗하고 모가 나지 않고 둥글거나 반듯한 돌을 불 위에서 가열되고 있는 통 속에 넣고 충분히 뜨거워지면 고기를 그 속에 넣는 요리법이다. 요리가 완성되면 먼저 통 속의 돌을 집어서 손바닥 위에 올려놓는데, 너무 뜨거워서 오른손, 왼손 번갈아가며 놓게 된다. 이렇게 하는 것은 건강에도 좋고 음식을 먹기 전 식욕도 좋아진다고 한다.

복트칸궁전(Winter Palace of Bogd Khan)은 1893~1903년에 걸쳐 지

마지막 황제가 살았던 복트칸궁전

어졌다. 8명의 복트칸 중 마지막 왕이었던 복트칸 8세가 1924년에 죽을 때까지 20년을 살았던 곳이다. 복트칸이 끝나게 된 것은 공산주의 체제의 몽골 정부가 어떠한 윤회도 금지시켰기 때문에 더 이상의 몽골 불교 지도자가 나타나지 않았던 것이다.

박물관 영토 내에는 6개의 사원이 있다. 궁전 자체는 외국 고위 인사들로부터 받은 선물들을 전시하고 있다. 다른 건물들은 또한 저장된 전시품들과 인테리어로 인해 방문할 가치를 지닌다. 왕궁답게 그 규모나 소장품은 어느 박물관에도 뒤지지 않는다. 모두 7개의 절로 이루어진 사원과 겨울 별장이 있는 이곳에서는 또 몽골 불교에 대한 이해를 얻을 수 있다. 여러 칸이 모아온 유물들이 전시되고 있는데 여러 종류의 동물을 박제한 동물 박제가 특히 볼 만하다.

몽골의 독립을 선언했던 수흐바토르(Sukhbaatar)광장은 울란바토르의 중심부에 위치해 있으며, 바로 이곳에서 1921년 7월 '혁명 영웅' 담디니 수흐바토르(Damdiny Sukhbaatar)가 중국으로부터의 몽골의 독립을 선언했다. 이 광장은 1989년 결과적으로 공산주의의 몰락을 가져온 첫 번째 민중 집회가 열렸던 곳이기도 하다. 평소에는 비둘기들과 카메라를 손에 든 사진작가들만이 일에 몰두하는 차분한 곳이다.

간단테그칠렌(Gandantegchilen)수도원은 몽골 라마교의 총본산이라 할 수 있다. 이곳에는 27m에 이르는 금불 입상이 우뚝 서 있는데, 이 불상은 무려 7년이라는 긴 세월 동안 제작된 것으로 중앙아시아에서 가장 큰 불상이라 할 수 있다.

이곳에는 라마불교를 공부하는 승려들이 기숙하면서 생활한다. 따라서 이곳은 작은 사찰과 기숙사, 불교대학 등으로 구성되어 있고, 이 안에서 생활하는 라마승은 약 3백여 명이 있다.

19세기 초 울란바토르에는 약 100여 개의 티베트불교 사원과 수도원이 있었다. 그러나 스탈린의 침략으로 대부분의 사원과 수도원이 파괴되었는데 간단테그칠렌수도원은 공산주의자들이 외국인에게 보이기 위한 전시 효과용으로 남겨두었다. '완전한 기쁨을 위한 위대한 장식'이라는 뜻의 '간단(Gandan)'은 울란바토르의 볼거리 중 하나이다.

자이산 승전기념탑은 1965년에 제2차 세계대전 중 러시아와 연합하여 전쟁에 승리한 것을 기념하기 위하여 세운 탑이다. 탑이 있는 자이산은 울란바토르 시내를 한눈에 내려다볼 수 있는 울란바토르에서 가장 높은 고지로 기념사진을 찍기에는 최고의 추천 장소이다.

자이산 승전기념탑

마지막으로 일교차가 심한 몽골의 여행 준비물은 3월에 여행을 할 경우 봄은 일 년 중 제일 건조한 계절이다. 봄의 특징은 적은 강수량과 낮은 상대습도 및 강한 바람이다. 바람은 종종 광풍으로까지 발전하기도 한다. 몽골처럼 대륙성 기후대에 속하는 지역은 봄 기온이 급격히 하강하는 특징을 지니고 있어 기온의 일교차가 아주 심하므로 겨울옷을 준비해야 한다.

6~8월 사이에 여행할 때는 몽골의 여름 기후는 평균 22℃~28℃ 정도이다. 고산지대이며 대륙성 기후를 보여주는 몽골은 자외선이 강하며 무척 건조한 날씨이다. 여름이라고 해도 크게 더운 곳은 아니나 건조하므로 긴 소매옷이 필요하고 우산 또는 양산, 모자, 선글라스, 자외선차단제 및 보습제 등 햇빛을 차단할 도구를 준비하여야 한다. 그리고 밤에는 급격히 온도가 떨어지니 두꺼운 스웨터나 잠바 등을 준비하는 것이 바람직하다.

9월에 여행할 시에는 가을은 9월부터 시작되고 아주 짧게 지나간다. 몽골의 가을은 아주 청량하다. 가을부터 낮이 점차 짧아지고 밤에는 한기를 느낄 정도로 싸늘해진다.

10월~2월 사이에 여행을 떠날 시에는 몽골 겨울의 평균온도는 영하 15℃(한국의 영하 3℃~18℃) 정도이나, 대륙성 건조 기후이므로 체감온도는 5도 정도와 비슷하게 느껴지며 영하 20℃를 넘어가야 춥다고 느끼게 된다.

겨울 여행 시 필요한 물건은 선글라스, 장갑, 겨울용 등산화, 목도리, 모자, 손난로 등 방한용 제품이 주류이다. 그중 가장 챙겨야 할 물건은 모자와 겨울용 등산화 등이다. 그리고 의복은 두꺼운 옷 한 벌보다는 얇은 옷 여러 벌을 겹쳐 입는 것이 좋다.

그리고 지역마다 차이는 있지만, 가끔 호텔에 면도기, 치약, 칫솔, 드라이기 등이 없으므로 한국에서 챙겨 가는 것도 쾌적한 여행을 위한 팁이다.

북한 Democratic People's Republic of Korea

북한(North Korea)은 휴전선(38도선)을 경계로 하여 남북으로 분단된 우리나라의 북쪽 지역으로 함경남북도, 평안남북도, 황해도 그리고 강원도와 경기도의 일부로 이루어져 있다. 전 지역에 걸쳐 산이 많고 고산성 지대를 이루고 있어 북부의 중국과 국경 지역에는 백두산(2,744m)을 주봉으로 하는 장백산맥이 뻗어있다. 그 남쪽에는 개마고원과 낭림산맥 등이 북부 산지를 이루고 있다. 하천은 백두산에서 시작하여 서해로 흘러드는 압록강이 있는가 하면, 백두산에서 발원하여 동해 북부로 흘러 들어가는 두만강이 있고 수도 평양 시내를 흐르는 대동강이 있다.

기후는 대륙성 기후를 나타내며 4계절의 변화가 뚜렷하고 연평균 기온은 4~14℃이다. 특히 평안북도 중강진은 한반도에서 가장 추운 곳으로 기록되고 있다. 북한은 지하자원, 산림자원, 수자원이 풍부하여 8 · 15 광복 이전까지 북한은 공업지역, 남한은 농업지역으로 불리기도 했다. 그러나 1960년 이후 남한의 산업혁명이 크게 일어나 발전하고부터는 북한을 압도적으로 크게 앞지르고 있다. 그러나 북한지역은 광복 이후 공산당이 지배하고 있어 행정구역, 제도개선, 언어, 풍속 등에서 많은 차이가 있다.

정식명칭은 조선민주주의인민공화국(Democratic's Republic of Korea)이지만, 북한 내에서는 자국에 대한 명칭 혹은 한반도 전체에 대한 통칭으로 '조선'을 사용한다. 대한민국에서 조선이라고 하면 1392년에 건국된 이씨 왕조를 가리킨다. 북한에서는 남한을 부를 때 '남조선'이라고 부르고 있다. 대한민국 역시 조선이라는 북쪽 지역을 부를 때 '북한'이라고 부른다. 이는 쌍방이 한반도 전체를 자기들의 영토라고 규정하고 있는 데서 비롯된다. 그러나 엄연히 남한은 대한민국의 남쪽인 휴전선 이남 지역을 가리키고, 북한은 대한민국의 북쪽인 휴전선 이북지역을 가리킨다.

국토면적은 12만 3,138km^{2}이며, 수도는 평양이다. 인구는 2,616만 명(2023년 기준)이며, 종족 구성은 한민족으로 이루어져 있으며, 공용어는 한국어를 사용한다. 환율은 한화 1만 원이 북한 화폐 1천원 정도로 통용된다. 시차는 한국시각과 동일하며, 전압은 220V/50Hz를 사용하고 있다.

백두산은 정상에 있는 천지를 보기 위해 우리나라 대한민국 국민이 중국을 거쳐서 제일 많이 관광을 가는 곳이라고 할 수 있다. 백두산은 지리적으로 함경남 · 북도와 중국 동북지방과의 국경에 있는 우리나라 최고의 명산 중의 명산이다. 이 산은 장백산맥의 주봉을 이루고 있는 휴화산이며 압록강과 두만강 및 중국지역 쑹화강의 발원지이기도 하다.

화산이 폭발하여 이루어진 천지는 화구의 둘레가 11.3km이며, 수심이 제일 깊은 곳은 312.7m나 된다. 그리고 화구의 벽이라 할 수 있는 울룩불룩 솟

백두산 천지(출처 : 현지 여행안내서)

아있는 산봉우리 중에 제일 높은 병사봉(장군봉)은 2,744m로 백두산의 최고봉이며 우리나라 산들의 높이 가운데 최고봉을 자랑한다. 이 산은 예로부터 우리 조상들이 성스러운 산으로 숭배하였으며 고조선과 부여, 고구려, 발해국 등의 발상지이기도 하다.

관광코스는 중국 북경을 거쳐 길림성으로 이동해서 천지와 두만강을 배경으로 하는 북파가 있고, 중국의 대련을 거쳐 신의주와 압록강을 사이에 두고 마주 보는 단동으로 이동해서 압록강을 거슬러 올라가는 배경으로 장수왕릉, 광개토대왕(호태왕)릉비, 천지 등을 관광하는 서파가 있다.

필자는 1999년 8월 2일 처음으로 북파로 떠난 여행에서는 구름 한 점 없이 맑고 청정한 백두산 천지를 볼 수 있었지만, 2010년 6월 30일 두 번째 떠난 백두산 천지 서파 여행에서는 안개와 구름이 한 치 앞을 볼 수 없게 백두산 천지를 뒤덮고 있어 실망스러운 마음을 지울 수가 없었다. 현지 가이드가 우리 일행들에게 위로하는 말을 빌리자면 백두산 천지는 3대가 적선을 해야 볼 수 있다고 한다. 그리고 1년 중 평균 3~4개월 정도만이 맑고 청정한 천지를 볼 수 있다는 가이드의 설명과 함께 무거운 발걸음은 돌릴 수밖에 없었다.

금강산은 강원도 북부 태백산맥에 있는 세계적인 명산이다

강원도 회양군, 통천군, 고성군 등 세 개 군에 걸쳐있는 금강산의 둘레는 약 80km이며, 면적은 약 160km^{2}에 이른다. 가장 높은 봉우리는 비로봉으로 높이가 1,638m이다. 계절에 따라 그 아름다움을 달리하여 이름도 봄에는 금강산, 여름에는 봉래산, 가을에는 풍악산, 겨울에는 개골산이라고 불린다. 금강산 1만 2,000봉으로 불리는 수많은 봉우리는 웅장한 모습과 깎아지른 절벽과 변화무쌍한 계곡들 그리고 기암괴석이 굽이굽이마다 그 모습을 달리한다.

금강산은 비로봉을 경계로 하여 서쪽은 '내금강', 동쪽은 '외금강'이라고 불린다. 외금강의 남쪽 계곡을 '신금강', 동쪽 끝의 해안지역을 '해금강'이라고 한다. 내금강의 경치는 대체로 숲, 계곡, 절 등이 어우러져 우아하고 아름다움을 나타내며 외금강, 신금강은 암반, 절벽, 폭포 등으로 웅장한 모습을 하고 있어 가히 환상적이라고 할 수 있다. 해금강은 고성군 동쪽 4km 거리의 해안지대에 반석, 절벽, 암초 등이 거친 파도와 어울려 절경을 자아낸다.

금강산 입구 목란관(냉면) 식당

그토록 가고 싶고, 보고 싶은 금강산 구경을 위해 2004년 10월 22일 강원도 북부지역 통일전망대를 거치고 휴전선을 넘어 금강산에 도착했다.

남북한 합의로 현대아산에서 관광에 따르는 숙박 시설, 음식점, 목욕탕 등 전반적인 시설투자를 하여 관광하는 데는 아무런 제약이나 지장이 없었다. 관광코스는 상팔담, 구룡폭포, 만물상, 삼일포, 해금강 등이며, 식사는 남측 음식점 온정각식당, 고성항식당, 옥류관, 단풍관 등이며, 북측음식점은 금강원, 목란관 등이 있다.

아침, 점심, 저녁은 번갈아 가면서 여행사에서 지정해준 식당을 찾아가 식사를 즐길 수 있으며, 첫째 날 저녁에는 공중목욕탕에서 목욕을 즐기고, 둘째 날 저녁에는 금강산 문화회관에서 북측 문화예술단체 평양 모란봉교예단의

평양 모란봉교예단 공연

공연(특석은 미화 30달러, 일반석은 25달러)을 관람하였다. 지금도 귀에 생생하게 익은 북한 무용수들의 노랫소리 "반~갑~습니다. 반갑습니다."의 반복적인 노랫소리로 공연을 시작하였다. 그리고 공연을 마치고 역시 "반~갑~습니다. 반갑습니다."로 두 손을 흔들며 이별하였다. 그리고 마지막 귀국하는 날에는 휴전선을 넘고 남방 한계선을 지나 민통선(민간인 통제구역)지역에 있는 바닷가 조그마한 횟집에서 점심을 먹었는데 식당 주인장 이야기로는 자연산 광어, 우럭이라고 하는데 얼마나 맛이 있는지 두고두고 잊지 못할 추억으로 남아있다.

그리고 황해도 개성직할시는 남북한 합의로 잠시 여행길이 열리다가 남한 관광객의 총기 사망 사건으로 여행길은 지금까지 중단되고 있다. 여행길이

다시 열린다면 가보고 싶은 곳은 개성시 송악산 남쪽 기슭에 있는 고려 때의 궁터(고려왕조 450년간 왕궁터)인 만월대이다. 지금은 높이가 약 17m가 되는 대지에 누문, 전각 등의 주춧돌만 남아있지만, 당시의 웅장했던 범위와 규모를 짐작해 볼 수 있을 것으로 생각된다.

개성의 선죽교 다리(출처 : 계몽사백과사전)

궁궐은 공민왕 11년(1362년)에 홍건적의 침략을 받아 모두가 불에 타고 없어졌다. 그리고 개성시 선죽동에 있는 돌다리 선죽교가 있다. 이는 919년 고려 태조가 송도 시가지를 정비할 때에 축조한 다리이며 고려 말 충신 정몽주가 이방원(뒤에 조선 태종)이 보낸 자객에게 죽임을 당한 다리로 더욱더 유명해졌다. 본래는 난간이 없었는데 1780년(조선 정조 4년)에 정몽주의 후손들이 돌난간을 세웠다고 한다.

묘향산은 평안북도 영변군, 희천군과 평안남도 영원군 사이에 있는 산이며, 높이는 1,909m이다. 묘향산의 주봉은 우리나라 명산 중의 명산으로 손꼽힌다. 북서쪽 산 중턱에는 국내 5대 사찰로 통하는 보현사가 있어 지금도 불교 문화의 교류를 위해 대한민국 스님들이 종교적인 측면에서 왕래를 하고 있는 것으로 알고 있다. 그리고 이웃에는 우리나라 시조 단군이 태어났다는 단군 굴이 있다.

부벽루는 평양시 북부 모란봉 아래 청류벽 위에 있는 누각이다. 고려 초기에 만들어진 것으로 고려 제16대 왕 예종이 그곳에서 잔치를 베풀다가 이안을 시켜서 지은 이름이라고 한다. 절벽 밑에는 푸른 물결이 넘실거리며 흐르는 대동강이 있고, 가까이에는 능라도와 반월도가 있다. 그리고 평양시내에는 금수산의 태양 궁전(김일성, 김정일 시신이 안치된 곳)과 금수산 을밀봉 밑에 고구려 평양성 북쪽 내성으로 세워진 정자 을밀대가 있다.

평양의 부벽루(출처 : 계몽사백과사전)

그리고 여담으로 옛날 옛적에 함경도 명천에서 어부가 생선 처음 보는 고기를 한 마리 잡았다. 동네 주민들이 모여 고기 이름을 논의하던 중 친구가 어부 태 씨에게 함경도 명천에서 태 씨가 잡았으니 '명태'라고 하자는 제안에 모두가 찬성하여 지금까지 명태라고 불리고 있다.

대한민국 Korea

대한민국(Korea)은 아시아 대륙 동북부에 자리 잡고 있는 민주공화국이다. 줄여서 '한국'이라고도 한다. 외국 여행을 하다 보면 현지인들이 어디서 왔느냐고 자주 질문을 한다. 한국(Korea)에서 왔다고 이야기하면 남한(South. Korea)이냐, 북한(North Korea)이냐고 묻는다. South Korea라고 전하면 고개를 끄덕이고 다음 말을 이어간다.

한국은 대륙에서 남쪽으로 뻗어있는 한반도와 약 3,418개의 크고 작은 섬들로 이루어져 있다. 북쪽으로는 위도상으로 북위 약 43도 함경북도 온성군 유포진에 이르고, 남쪽으로는 북위 약 33도 제주도 남제주군 마라도에 이른다. 동쪽 끝은 동경 131.52도 경상북도 울릉군 독도이며, 서쪽 끝은 동경 124.11도 평안북도 용천군 마안도이다. 북쪽으로는 압록강과 두만강을 경계로 중국과 국경을 접하고 있다. 그리고 동쪽, 남쪽, 서쪽은 동해, 남해, 서해에 면하고 있다.

남한과 북한과의 사이에는 판문점이 있는 북위 38도선을 기준으로 동해와 서해로 이어지는 약 250km에 이르는 군사분계선이 설정되어 있고, 그 군사

판문점과 군사분계선

분계선을 따라 남북 양측으로 너비 4km 지역을 비무장 지대로 설정하여 남방 한계선과 북방 한계선을 두고 휴전으로 남북이 대치하고 있는 나라이다.

강원도 명주군에 있는 38선(출처 : 계몽사백과사전)

경복궁(景福宮)은 서울의 북악산 남쪽 기슭에 자리 잡고 있는 조선 왕조 시대의 궁궐이다. 1392년 조선을 건국한 이성계가 1394년 10

경복궁 근정전(출처 : 계몽사백과사전)

월에 개성에서 서울로 도읍을 옮긴 뒤 1395년 9월에 완공한 궁궐이다. 태조의 명에 따라 궁전의 이름도 경복궁이라고 정도전이 지은 이름이다. 경복궁은 사면으로 남북이 길고 동서가 짧다. 정남에는 광화문, 정북에는 신무문, 동에는 건춘문, 서에는 영추문을 세워 출입구를 구성했다. 그리고 임금이 정사를 보던 편전, 일상생활을 하던 강녕전, 왕비의 침전인 교태전 등의 전각이 다수 있다. 지금도 강녕전과 교태전에는 용마루가 없다. 왜냐하면 한 지붕 아래 용이 하나이지 둘은 있을 수 없다는 뜻이다. 이성계가 개성에서 서울로 천도하기 전 현장답사를 하기 위해 풍수 전문가 무학대사를 대동하고 지금의 왕십리 지역에 이르렀다. 그때 밭에서 소를 몰고 밭을 갈고 있는 농부가 하는 말, "이놈의 소야, 너도 무학 같구나! 10리만 더 가면 좋은 길지가 있을 건데

어찌 이곳에서 서성이고 있느냐?"" 이 말을 듣고 있던 무학대사는 무릎을 '탁' 치고 이성계와 같이 10리를 더 걸어갔다. 그로부터 출발지점에서 10리를 더 가야 한다는 뜻에서 지명이 왕십리가 되었고 도착지점은 지금의 경복궁이다.

그러나 가장 중요한 궁궐 배치 문제가 쟁점의 대상이 되었다.

풍수 전문가 무학대사는 인왕산을 주산으로 하고, 좌청룡을 북악산, 우백호를 남산으로 하는 동향을 주장하고, 행정가이자 정치가인 정도전은 북악산을 주산으로 하고 남향인 지금의 배치 상태를 주장했다. 불행하게도 이성계는 풍수 전문가 무학대사를 외면하고 정도전의 손을 들어준다. 그로부터 조선왕조 오백 년 동안 적자, 장자가 왕위에 오른 사람은 드물다. 그리고 바로 뒤편에는 청와대가 있다. 국가나 가정에서 고택을 두고 새집을 지을 적에 뒤

청와대

쪽으로 물러서 지으면 화를 면치 못한다. 그 예로 대한민국 역대 대통령 중에 말로가 좋은 대통령은 찾아보기에 힘이 든다. 이 모두가 좌향과 터를 무시한 결과물이라 생각된다. 지금은 청와대가 비어 있어 경복궁과 청와대를 함께 구경하면 풍수설에 그친 상식이지만 많은 도움이 되리라 믿어진다.

한라산(漢拏山)은 제주도 중앙부에 우뚝 솟아있는 휴화산이다. 높이가 1,950m이며 남한에서 가장 높은 산이다. 가장 근래에 분화한 기록은 1002년과 1007년이며 그때 용암이 많이 분출한 것으로 알고 있다. 정상에는 화구호인(지름이 500m, 깊이가 1~2m) 백록담이 있다. 그리고 용암과 굴, 폭포, 기암절벽 등과 높이에 따라 종류와 양상을 달리하는 식물군들이 어울려 섬

제주도 한라산 백록담

전체의 관광자원이 되고 있다. 정상 가까이에 접근하면 봄에는 활짝 핀 철쭉과 아름다운 진달래꽃밭이 등산객들을 반갑게 맞이하고 있다. 그리고 북으로는 제주시, 남으로는 서귀포시를 비롯한 성산 일출봉, 용바위, 천지연폭포, 정방폭포 등의 관광지가 있으며, 12곳에 크고 작은 해수욕장과 바다에서 즐길 수 있는 다양한 해양스포츠, 바다에서 이루어지는 물놀이 등은 일 년에 몇 번을 다녀가도 새로운 이미지를 심어준다. 그로 인하여 봄, 여름, 가을, 겨울 계절별로 여행을 추진하는 것도 여행으로 삶의 질을 보상받는 지름길이라 여겨진다.

울릉도(鬱陵島)는 경상북도에 속하는 섬이다. 면적이 71.7km^{2}이며 경상북도 동쪽 끝 동해상에 자리 잡고 있다.

최고봉인 성인봉은 높이가 984m이고, 포항에서 북동쪽으로 약 210km의 거리에 있으며 쾌속선, 여객선 등으로 정기항로가 열려 있다. 그리고 지금은 항공노선을 개설하기 위해 공항 공사가 한창이다.

지형적으로 평지가 부족해서 가파른 산악지형을 깎아서 바다를 메우는 작업으로 막대한 비용과 공사 기간이 상당히 지연될 것으로 예상한다.

저동항을 중심으로 좌우로 순환도로가 섬 전체를 둘러싸고 있는 관계로 관광하기에 좋은 조건을 갖추고 있어 나날이 늘어나는 교통량을 해소하기 위해 공항건설이 필요하다고 공항건설 관계자가 설명하였다.

옛 이름은 우산국인데 신라 22대 지증왕 13년(512년)에 신라장군 이사부가 이곳을 정복하여 신라에 귀속시켰다. 연 강수량이 매우 많은 울릉도는 특

울릉도 저동항(출처 : 현지 여행안내서)

히 겨울에는 전국에서 눈이 제일 많이 내리는 지역이다. 기온은 난류가 감싸고 있어 경지비율이 15%에 지나지 않지만, 밭에서 옥수수, 감자, 보리 등이 생산된다. 그리고 주산업인 어업으로는 오징어, 꽁치, 명태 등이 많이 잡히고, 특히 오징어는 전국에서 품질이 제일 좋아 해외로 수출된다. 나날이 발전하는 경제성장으로 섬 일주 관광 개발에 많은 투자를 하여 육지에서 수많은 관광객이 밀려오고 있다.

독도(獨島)는 울릉도 동남쪽 약 80km 해상에 있는 섬이다.

동경 131°52′10.4″, 북위 37°14′26.8″에 자리 잡고 있으며 울릉도에 딸린 섬으로 서도와 동도로 분리돼 있다. 식구가 딸린 주거민은 없지만, 나라를 지키는 독도경비대가 독도 섬의 인구를 대신한다.

독도

울릉도를 여행하는 사람들은 많은 기대를 품고 독도 관광을 염두에 두고 출발한다. 그러나 독도 방문은 1년에 평균 잡아 3~4개월 정도만 가능하다. 육지와 바다의 수면 관계로 비가 오고 바람이 불면 여객선이 접안할 수 없기 때문이다. 그래서 독도 방문을 위해 울릉도를 여행하는 여행자의 3분의 2는 허탕을 치는 셈이다.

일행 중 서울에서 왔다는 여행자는 경비대원에게 선물을 전달하면서 농담 삼아 "3대가 적선을 해야 독도를 방문할 수 있다."고 하여 좌중을 웃음바다로 만든다.

중국 China

아시아 대륙의 동부를 차지하는 중국(China)은 면적으로는 세계에서 네 번째 크기를 자랑하며, 인구는 세계에서 두 번째로 많은 나라이다.

민족은 한족을 중심으로 주로 몽골족과 주변 여러 나라 민족이 어울려 통일과 분열 그리고 망국을 거듭하면서 현재에 이르고 있다. 일찍이 황하와 양쯔강 유역에 찬란한 문화를 꽃피웠지만, 근세에 들어와 과학 문명이 뒤져 서양 열강들과 일본의 침략을 받았다. 2차 세계대전에서 일본이 항복한 후에는 공산당의 세력이 확산되어 대륙부의 중국과 섬나라 타이완으로 분열되었다. 국토는 지역이 넓어 지형과 기후가 매우 다양하다. 지형은 대체로 서쪽이 높고 동쪽이 낮다. 서쪽에 있는 티베트는 높은 산악지역과 고원지대로 이루어져 있어 그로 인해 열악한 소수민족의 터전이 자연스럽게 이루어졌다. 그리고 이곳은 기온의 편차도 심하다. 신장과 네이멍구는 산악지역과 사막으로 이루어져 있어 이들 모든 지역은 인구도 적다. 동쪽으로는 평야 지역이 많으며 강수량도 많다. 그래서 예로부터 남경, 북경, 중경, 서안 등은 당나라, 원나라, 송나라, 명나라, 청나라 등의 수도로 발전하였으며 인구도 밀집되어 있다.

이곳에는 전체인구의 94%가 되는 한족이 다수를 차지하며, 나머지 50여 소수민족은 서부지역과 변경지역에 흩어져 독특한 언어와 문화를 지니고 살아가고 있다. 국토면적은 959만 6,961km^{2}이며, 인구는 약 14억 2,518만 명(2024년 기준)이다. 수도는 베이징(Beijing)이고, 공용어는 중국어이다. 종족 구성은 한족이 94%, 소수민족이 6%로 구성되어 있으며, 종교는 유교, 불교, 도교, 라마교, 이슬람교, 크리스트교 등을 믿는다.

시차는 한국시각보다 1시간 늦다. 한국이 정오(12시)이면 중국은 오전 11시가 된다. 환율은 중국 1위안이 한화 185원 정도로 통용되며, 전압은 220V/50Hz를 사용하고 있다

천안문 광장

자금성 배치도(출처 : 현지 여행안내서)

자금성은 중국의 상징이라 할 수 있는 명나라, 청나라 시대의 궁전이다. 지금은 중국 전역에서 최대의 관광지로, 중국인은 물론 외국 여행자들에게도 많은 사랑을 받고 있다

1421년 명나라 황제 영락제로부터 1911년 청나라 마지막 황제 선통제(푸이)에 이르기까지 491년 동안 명 · 청 황제 24명이 거처로 사용한 지구상 최대의 궁전이다. 전체 면적은 72만 m^2이고, 남북으로 961m, 동서로 753m이며, 내부 궁실(방)은 9,999칸이며, 태어나서 저녁마다 방 1칸씩 옮겨서 잠을 자면 27세라는 세월이 지나간다. 성벽의 높이는 10m이고, 두께는 7.5m이며, 총길이는 3km에 이른다.

성벽 바깥으로는 너비와 같은 길이로 계산하면 52m^2의 해자가 조성되어 있어 외부 적들의 접근을 불허하고 있다. 직사각형으로 된 성벽에는 네 모퉁이에 각각 망루가 설치되어 있어 사방을 감시하는 초소로 이용했다. 현지 가이드의 설명에 의하면 14년에 걸쳐 자금성을 건축해서 1420년에 완공을 보게 되고, 건축으로 인하여 동원된 인력은 각 분야의 전문 장인만 10만여 명에 달하고, 노역자(잡부)들은 연간 100만 명이 동원되었다고 한다. 패키지 여행 시에는 입구 오문으로 들어가 태화전 → 중화전 → 보화전 → 건청문 → 건청궁 → 교태전 → 곤녕궁 → 어화원 등의 순서로 관람을 하며, 시간은 1시간 30분에서 2시간 정도 소요된다.

이화원은 베이징의 중심에서 북서쪽으로 약 16km 떨어져 있는 서태후의 여름별장으로 널리 알려진 중국 황실의 최대 정원이다. 면적이 290만 m^2에

이화원

이르며 1998년 유네스코 세계문화유산에 등재되었다.

이화원은 과거 금나라 때부터 전해오고 있는데 건륭황제가 확장공사를 하였고 청나라 말기 서태후가 자기 여름별장으로 사용하기 위해 대대적으로 재건하여 현재에 이르고 있다. 동궁 문으로 들어가면 장랑을 거쳐 석방에 이르고 약 1km 구간에는 인수전 → 덕화원 → 불향각 → 배운전 등의 건물들이 늘어서 있다. 동궁 문에서 동제를 따라 걸어가면 호수 위에 남호섬을 연결하는 십칠공교가 나타난다.

그러면 과연 서태후는 누구인가? 청나라 황제 함풍제의 후궁이자 동치제의 생모이다. 그리고 함풍제가 갑자기 의문사를 당하자 여섯 살 난 아들 동치제를 황제로 등극시키고 실질적인 권력은 서태후가 관할하였다. 그리고 1875년 동치제마저 의문으로 사망을 하자 황제 계승법을 위반하면서 세 살 난 조카 광서제를 즉위시키고 국가의 실권을 장악하여 1908년 세상을 떠날 때까지 무려 48년 동안 중국이라는 대국을 통치하였다. 그리고 광서제와 서구열강들의 문제로 다툼이 생겨 광서제를 10년간 가택연금 상태로 가두어 두고 결국에는 살해하고 말았다.

현지 가이드의 말에 의하면 서태후는 경호원들에게 베이징 거리에 건장한 청년이 나타나면 잡아 와서 저녁에 목욕을 시켜 자기 침실에 대령토록 하였다고 한다. 그리고 합방하고 나서는 소문이 두려워 다음날 무자비하게 살해했다고 한다. 그래서 매번 합방하는 건장한 청년들은 다음날은 제삿날이 기다리고 있는 셈이다. 그리고 주변 인물들이 눈엣가시같이 보이면 살인을 서슴지 않았으며, 매번 한 끼 식사에 120가지 이상의 산해진미가 올라와야 성이 차고 하루에도 몇 번씩 옷을 갈아입었다고 한다. 말년에는 자신이 은거할 처소로 이화원을 선택하였으며, 이화원 전체 면적의 70% 이상이 되는 인공 호수 곤명호는 너무나 많은 흙을 파낸 까닭으로 바로 이웃 지금의 만수산이 탄생한 증거물이라고 한다. 이것으로 인해 해군의 수많은 전비를 탕진하여 결국에는 청나라의 멸망을 초래하는 원인이 되었다고 전해지고 있다.

용경협은 해분산 아래 협곡을 막아놓은 댐으로 베이징 시내에서 약 8.5km 정도 떨어져 있다. 과거에는 소태후의 행궁이었고 명나라 · 청나라 시대에는 고관대작들의 피서 산장으로 이용되었다. 지금은 저수지로 이용되고 있으며, 면적은 119km^2이고, 댐의 높이는 72m이며, 수심은 최대 250m에 이른다.

용경협

용경협

댐 상류까지 거리는 약 7km이며 이곳을 유람선이 왕복으로 운항한다.

1996년에 준공된 258m의 노란색 용 모양의 에스컬레이터를 타고 용의 뱃속으로 5분 정도 올라가면 선착장에 도착할 수 있다. 승선권을 구입하여 유람선을 타면 40~60분 정도 산수 절경과 깎아지른 절벽에 기암괴석들을 동시에 즐길 수 있다. 입구에 도착하면 장쩌민 주석이 직접 썼다는 표지석에 붉은 글씨가 눈에 들어온다. 모두가 기념 촬영하는 장소이기도 하다.

만리장성은 기원전 3세기 중국을 통일한 진시황제가 기마민족의 침입을 막기 위해 30만 명의 군사와 수백만 명의 주민을 동원해서 현재와 같은 장성을 만들기 시작하였다. 오랜 세월을 거치면서 증축과 보수 등을 거듭하여

만리장성(출처 : 현지 여행안내서)

지금은 총길이가 6,000km에 달한다. 달에서도 보이는 유일한 인공건축물인 만리장성 중에 관광객들이 제일 많이 찾는 팔달령은 베이싱에서 북서쪽으로 약 60km 떨어져 있으며, 1505년경 명나라 때 흉노족의 침입을 막기 위해 건설한 장성이다. 만리장성은 동쪽의 산해관을 시작으로 중국의 총 22개의 성 중에서 무려 7개의 성을 지나면서 마지막 간쑤성에 있는 실크로드 입구 지역 가욕관까지 이어진다. 그 길이가 중국의 길이 단위 1만 2,000회리에 달하여 만리장성이라고 한다.

'하룻밤을 자도 만리장성을 쌓는다.'라는 말이 있다. 이 말은 많은 이들이 말로는 하지만 정작 유래를 아는 사람이 드물다. 중국의 어느 만리장성 신축 공사장 인근에 신혼부부가 살고 있었다. 어느 날 갑자기 남편이 만리장성 공

만리장성 수관장성

사장에 부역으로 동원되었다. 얼마 후 나그네가 날은 저물고 잠잘 곳이 없어 홀로 남은 부인 집에 들렀다. "하룻저녁만 잠을 좀 자게 해주십시오."라고 한다. 부인은 "이 집에는 여자 혼자라서 그렇게는 할 수 없다."고 한다. 그 소리에 나그네는 귀가 번쩍 뜨인다. 그리고는 애걸복걸하기 시작한다. 그래서 부인은 슬그머니 허락한다. 그리고 부인과 나그네는 서로가 하고 싶은 대화로 밤은 깊어만 간다. 그러자 나그네가 부인에게 합방을 요구한다. 부인은 대답으로 "나의 청을 한 번만 들어주면 내 몸을 당신께 바치겠다."고 한다. 나그네는 "그 청이 무엇이냐?"고 물어본다. 부인은 "남편과 그냥 헤어지려고 하니 도리가 아니어서 옷을 한 벌 보내주고 싶다."고 하며 "그 옷을 공사현장에 가지고 가서 전달하고 오시면 된다."고 한다. 나그네는 "열 번이라도 하겠다.”고 하며 두 사람은 이불 속으로 들어갔다.

그리고 다음 날 아침 나그네는 부인이 곱게 포장해준 옷을 들고 만리장성 현장으로 향했다. 현장에 도착하니 경비아저씨가 남편을 불러낸다. 그리고 이 옷 보따리를 가지고 밖에 가서 갈아입고 들어오라고 한다.

만리장성 수관장성

경비는 인적 담보를 위해 나그네에게 당신은 옷을 갈아입고 들어올 때까지 공사현장에 대신 남아있으라고 한다. 밖에서 남편은 옷을 갈아입다가 편시 한 통을 발견한다. 그 내용은 '당신은 옷을 바꾸어 입는 순간 앞도 뒤도 보지 말고 발바닥이 보이지 않게 달려오라.'고 한다. 그래서 남편은 부인이 시키는 대로 걸음아 나 살려라고 하며 총알같이 달려갔다. 현장에 남아있는 나그네는 아무리 기다려도 남편은 들어오지 않는다. 경비아저씨는 그 사람이 돌아오지 않는 죄로 내일부터 당신이 그 사람 대신 만리장성을 죽을 때까지 쌓으라고 한다. 그래서 나그네는 '하룻밤을 자고 만리장성을 쌓으려고 왔구나.'라고 하였다는 전설이 있다.

홍콩은 중국 남동부 해안에 자리 잡고 있으며, 면적은 1,100km^2(약 제주

홍콩의 야경(출처 : 홍콩 엽서)

도의 5분의 3)이다. 동서로 거리는 50km, 남북의 거리는 38km이다. 중국 남동부의 구룡반도와 그 북쪽 신계지역 그리고 그 주변의 크고 작은 섬들로 구성되어 있다. 아편전쟁(1840~1842년)으로 영국과 청나라 사이에 영구적인 점유를 인정하는 난징조약이 체결되었고 1860년 베이징 조약을 통해 구룡반도 지역과 1898년에는 신계 지역을 영국의 조차지로 체결하였다. 그리고 향후 99년 동안 조차한다는 단서를 달았다. 그로 인하여 지난 1997년 7월 1일 자정을 기하여 중국 정부에 반환되었다. 필자는 다행스럽게도 홍콩이 중국 정부에 반환되기 전 1991년 3월 10일 홍콩을 여행으로 다녀온 적이 있다. 홍콩은 영국의 손에 넘어가고부터는 서양의 문물로 인하여 비약적인 발전을 거듭하여 세계적인 관광도시가 되었으며 지금도 동남아시아에 정치 ·

마카오

경제 · 문화면에서 큰 영향력을 행사하고 있다.

마카오(Macao)는 홍콩에서 서쪽으로 약 64km 떨어져 있는 섬이다. 면적은 홍콩섬의 약 5분의 1 정도의 작은 섬이다. 마카오 역시 포르투갈의 조차지로 있다가 1999년 12월 20일 자정을 기해 중국 정부에 반환되었다. 오랜 세월 동안 포르투갈 조차지로 남아있어 동양과 서양의 문화가 혼합적으로 여전히 남아있다. 마카오 역시 필자는 중국 정부에 반환되기 전 1991년 3월 11일 여행으로 다녀왔다. 그때 당시 가이드 설명에 의하면 마카오는 정식으로 허가받은 도박사업(카지노)이 세계적으로 유명한 밀집 지역으로 주민의 50% 이상이 카지노에 종사하고 있고 여행자의 50% 이상이 도박을 위하여 마카오를 여행하고 있다고 한다.

그로 인하여 도박에 중독이 된 여성들은 카지노에 가지고 온 돈을 모두 다 잃어버리고 자기 나라에 돌아갈 차비가 없어 식당에서 종업원으로 일을 하고 있단다. 그리고 부부 동반으로 마카오여행을 온 도박에 중독된 남자는 자기 부인을 전당포에 잡히고 도박을 하지만 자기 부인을 데리고 귀국하려면 부인이 전당포에서 먹고 자고 생활한 모든 비용을 전당포에 지불해야 부인을 만날 수 있다고 한다. 너무나 충격적인 가이드의 설명이라 지금도 생생하게 기억 속에 남아있다. 필자도 재미 삼아 돈을 따기 위해 카지노에 들렀다. 처음에는 돈을 조금 땄다. 그러나 계속해서 돈을 따겠다는 자신이 없어 슬그머니 카지노를 나와 숙소로 향했다.

계림(桂林)은 중국 광시족자치구의 북동쪽에 있는 고대도시이다. 화남지방의 최고의 도시이며 산수가 아름답고 경관이 뛰어나 일찍부터 세계적인 관광명소로 손꼽힌다. 그리고 중국의 북위 25도 지역에 위치한 계림은 연중 따뜻한 아열대성 기후로 1월의 평균 기온은 9도이며, 7월의 평균 기온은 30도를 유지한다. 그러나 일교차가 심하여 따뜻한 옷이 필요할 때가 있다. 그래서 봄에는 4~5월, 가을에는 10~11월이 여행하기에 제일 좋은 날씨라고 볼 수 있다. 계림 시내 관광을 하면서 하늘과 땅 사이를 쳐다보면 곳곳에 기봉들이 구름처럼 이어져 있다. 이보다 더 아름다운 계림의 산수 절경을 제대로 보기 위해서는 유람선을 타야 한다. 계림 관광에서 빼놓을 수 없는 것이 이강 유람선이다. 중국에는 계림 산수갑천하(桂林山水甲天下)라는 말이 있다. 이 말은 계림의 산수가 세상에서 제일 아름답다는 의미를 가지고 있다.

이강 유람선

그래서 수많은 관광객은 유람선을 타거나 뗏목을 타고 이강에서 유람을 한다. 이 세상에서 제일 아름다운 산수 절경을 바라보며 술을 마시고 노래하는 그 즐거움이야말로 세상에서 더 없는 아름다운 추억으로 남을 것이라 생각된다.

장가계(張家界)는 중국인들이 천하제일의 풍경구라고 하며 후난성 서북쪽에 있는 자연 풍경구이다. 계림과 구채구, 황산, 장가계 등은 중국을 대표하는 풍경구이며, 장가계는 약 4억 년 전에 바다였으나 지구의 지각 변동으로 바다가 육지가 되면서 지상 천하제일의 풍경구로 모습을 드러내었다. 전봇대처럼 높이 솟아오른 바위산들이 너무나 아름답게 조화를 이루고 있어 미혼대

계단식 논(출처 : 현지 여행안내서)

라는 이름을 얻었으며, 구경하는 사람들은 모두가 넋이 나가고 혼이 빠진다고 하였다. 조선족인 현지 가이드는 사람으로 태어나 장가계에 와서 풍경을 구경하지 않았으면 100세가 되어도 늙었다고 이야기할 수 없다고 한다.

필자는 지금까지 장가계 여행을 세 번이나 다녀온 적이 있다. 그 많은 이름 중에 하필이면 왜 장가계라고 하는지 그 이유를 아는 사람은 극히 드물다. 그래서 필자가 아는 만큼 소개해 보기로 한다.

장량(張良)은 한나라 고조 유방의 개국 공신이자 전략가, 정치가, 참모의 대명사로서 자는 자방이고, 시호는 문성공이다. 정확한 나이는 모르지만 기원 직전의 인물이다. 그 당시 황우와 유방의 만남을 홍문연이라고 한다. 홍문연은 황우가 유방을 죽이기로 계획한 모임이다. 이것을 눈치챈 장량은 신출

장가계

귀몰한 전략으로 위기에 빠진 유방이 사지로 가는 목숨을 구하는 데 성공하였다. 그때 유방에게는 장군 한신과 소하 그리고 장량인 장자방이 수하에 있었다. 이 세 사람이 없었다면 유방은 항우에게 적이 될 수 없는 인물이라고 보면 된다. 그리고 유방이 이 세 사람의 도움으로 중국을 통일하자 유방의 부인 여후는 앞으로 세자가 왕위에 오른다고 가정하면 이 세 사람은 장애가 되고 위험이 따를 수 있다며 개국 1등 공신인 한신과 소하 장군을 죽이자고 이불속에서 아침을 떨며 유방에게 건의하였다. 결국에는 유방도 한통속이 되어 한신과 소하 두 장수를 죽이기로 하였다. 그때 한신이 죽으면서 '토사구팽'이란 유명한 말을 남기고 형장의 이슬로 사라졌다. 이 사자성어는 토끼를 다 잡으면 사냥개를 삶는다는 뜻이고, 날아가는 새를 다잡으면 활과 화살은 광에 들어가고, 적군을 격파하고 나면 장수를 죽인다는 뜻이다. 결과적으로 필요할 때는 소중히 여기다가 쓸모가 없게 되면 버린다는 뜻이다. 눈치 빠른 전략가 장량은 '다음은 나의 차례로구나.' 하고 생각하며 유방이 주는 선물도 마다하고 그 길로 야반도주를 하였다. 산 넘고 물 건너 고생 끝에 도착한 곳이 지금의 장가계이다. 밤과 낮

장가계(출처 : 현지 여행안내서)

으로 쳐다보아도 산 좋고 물 좋은 이곳이 과연 내가 숨어 살 수 있는 최적지라고 결론을 내렸다. 그로 인하여 이곳이 장 씨들의 집성촌으로 변한다. 그래서 이곳을 지금까지 '장가계'라고 부르고 있다. 또한 정상 가까운 곳에는 원 씨들이 집성촌을 이루고 있어 이름하여 '원가계'라고 부르고 있다. 그리고 장가계 입구 장가계 표지석에서 정면을 바라보면 산 중턱에 장랑의 묘지가 보인다. 그리고 이웃에 있는 유람선을 타는 보봉호수, 산속에 대형 구멍이 나 있는 천문산, 종유석 동굴로 유명한 황룡동굴 등은 필수 관광코스로 유명한 관광명소이다.

천문산

황룡동굴

보봉호수(출처 : 현지 여행안내서)

서안(西安)은 중국 대륙의 중앙에 자리 잡고 있으며 산시성의 수도이다. 이러한 지리적인 조건 덕분에 중국의 옛 국가들은 오랜 세월 동안 서안을 수도로 삼았다. 그로 인하여 수많은 역사유적이 남아있어 여행자들이나 관광객들의 발길이 끊이지 않는 중국의 대표적인 관광도시라고 할 수 있다. 특히 진시황제와 양귀비에 대한 전설적인 역사는 중국에서 흥미진진한 대하 드라마로도 많이 방영된 적이 있으며 실크로드의 발상지이기도 하다.

진(秦)나라 시황제(始皇帝)인 진시황은 기원전 259년에 태어나 기원전 246년 13세의 나이(중국 조나라 대상인 여불위의 도움으로 왕이 된 장양왕의 아들로 태어남)에 즉위해서 진나라를 세웠다. 그리고 중국 최초로 통일 제국을 건설한 인물로 본명은 영정이다. 기원전 230~221년에 걸쳐 한 · 초 · 위 · 조 · 연 · 제나라를 차례대로 멸망시키고 통일을 이루었으며 통일 후 자기 스스로를 시황제라고 명하고 강력한 중앙 집권제 정책을 펼쳤다. 그가 한 업적 중에는 문자를 통일하고, 화폐를 주조로 발행하고, 도로망을 전국에 걸쳐 건설하

진시황제(출처 : 현지 여행안내서)

37년간 건설한 진시황릉 (무덤의둘래 6km 높이100m) (출처 : 현지 여행안내서)

며, 달에서도 보인다는 만리장성의 축조를 시작한 인물이다. 그리고 자기 사후를 위하여 일찍부터 자기의 묘지를 산에 준하는 거대한 무덤으로 축성하고, 살아생전 화려한 삶의 극치를 위하여 그 유명한 아방궁을 건설하였다. 그리고 영원한 삶을 위하여 불로장생약을 구하기 위해 동방의 우리나라까지 사람을 보냈다는 설도 있다. 또 하나 국가를 자기 입맛에 맞추어 통치하기 위해 지도이념을 통일한다는 명분에 따라 약 450여 명의 학자를 생매장하고 그들의 책을 불태우는(분서갱유) 등 좋은 일이든 궂은일이든 국가의 통치이념으로 삼는 희대미문의 황제라는 것은 분명하다. 그러나 타고난 인명은 재천이라 천명을 거역하거나 거스를 수는 없어 지극히 짧은 나이 50세에 생을 마감하고 스스로 마련해둔 무덤으로 향했다.

진시황제가 건설한 아방궁

진시황 병마용박물관은 1974년 봄날 산시성 린퉁현에서 여름에 가뭄을 대비해 농부가 우물을 파다가 곡괭이에 딱딱한 돌이 부딪치기에 땅속 깊숙이 파고 들어가니 사람 형태의 조각상이 두상에서 몸으로 서서히 나타나기 시작했다. 농부는 예감이 이상해서 당국에 신고하였다. 그로부터 정부에서 발굴작업이 시작되고 이것이 전설 속에 남아있는 진시황제의 능을 지키는 병마용군단이라는 것이 세상에 알려지기 시작했다. 발굴 현장은 진시황제의 능에서 동쪽으로 약 1.5km 떨어진 지점에 1호 갱(우군), 2호 갱(좌군), 3호 갱(군막) 등으로 조성돼있으며, 1호 갱에는 키가 178~188cm의 6,000여 병마용이 3열 횡대로 늘어서 있고, 2호 갱에는 1호 갱보다 규모가 작게 보병과 기병, 궁병 등으로 구성되어 있고, 900여 병마용과 기마병 116필, 마차군단 350필로

진시황 병마용박물관(출처 : 현지 여행안내서)

구성되어 있다고 추정하지만, 정확하게 기록한 문서는 발견되지 않고 있다. 3호 갱은 병사들을 통솔하는 사령부로 추정되는데 병마용 68구, 기마 4필, 전차 부대 1대로 구성되어 있다. 그리고 작전지휘부로 추정되는 병마용들은 서로가 머리를 맞대고 통로를 만들어 사령관 경호부대로 발굴자들은 간주하고 있다. 수천 개의 병마용은 생김새와 표정이 모두가 쌍둥이처럼 똑같이 닮은 사람은 하나도 없고 눈동자, 머리카락까지 섬세하게 표현을 하여 보는 이들로 하여금 감탄을 자아내게 한다. 발굴작업이 미완성된 현장에는 벌써부터 발굴작업이 중단되었다고 한다.

필자는 2009년 11월 27일 병마용박물관을 방문하였다. 입구에는 정부 당국의 배려로 최초로 병마용을 발견한 농부가 정부에서 발간한 병마용에 관한

진시황 병마용박물관(출처 : 현지 여행안내서)

책자에 자기 사인을 해주고 책을 관광객들에게 판매하고 있었다. 그는 농사 대신 직업적으로 서적을 판매해서 일정한 수입 금액으로 생활하고 있다고 한다. 필자는 박물관 일정을 모두 마치고 입구 농부에게 다가가서 병마용 책을 한 권 구입하고 사인을 받아서 다음 여행지로 이동을 했다.

양귀비는 중국의 5대 미녀(왕소군 서시, 양귀비, 초선, 우미인)를 대표하는 당나라 현종의 귀비이다. 본명은 양옥환이며 너무나 아름다운 미인으로 유명하여 양귀비꽃도 양귀비 이름에서 따온 꽃 이름이다. 원래는 당나라 6대 황제 현종의 18번째 아들인 수왕의 부인이었다. 현종은 일찍이 무혜비와 사별하고 독수공방하던 시절에 지금의 화청지에서 양귀비를 만나 그녀의 빼어난

진시황제 청동 병마 1호차(출처 : 병마용 엽서)

진시황제 청동 병마 2호차(출처 : 병마용 엽서)

병마용 인물상(출처 : 현지 여행안내서)

미모에 즉석에서 반하고 말았다. 현종은 그녀를 황후로 맞이하여 사랑을 나누고 싶었지만, 아들의 부인, 즉 며느리라는 신분이기에 주변 사람들과 자식의 눈을 의식하지 않을 수 없었다. 그리하여 양귀비를 수왕의 저택에서 가출하도록 명하고 이곳저곳을 옮겨 다니며 남몰래 둘이서 사랑을 나누었다.

세월이 흘러 그녀의 나이 27세가 되던 해에 황궁으로 들어가 정식으로 현종의 귀비가 되었다. 그때가 현종의 나이는 양귀비보다 35세가 많은 나이였다. 원래 양귀비는 고관대작의 집안이 아니었다. 그러나 갑자기 양귀비가 내명부의 일인자로 발탁이 되고 나서는 집안이 몰라보게 번창하고, 조정 대신들은 양 씨들이 독차지한다. 그리고 현종은 양귀비와 둘이서 사랑에 빠져 정사에도 소홀함이 많았다. 이에 안록산은 불평과 불만을 품고 난을 일으킨다.

화청지 양귀비 별장

원래는 양귀비와 안록산은 내연의 관계였다고 한다. 난을 피해 양귀비와 함께 쓰촨성으로 피난을 가던 도중에 현종은 결정적인 선택을 한다. 양귀비에게 자살을 명한다. 현종 자신은 왕권을 유지하지만, 양귀비는 사랑에 종지부를 찍고 목을 매달아 자살을 하여 이승을 떠나게 된다. 그리고 현종은 세자에게 왕위를 물려주고 상왕으로서 양귀비를 그리워하며 여생을 보낸다. 양귀비는 경국지색(나라를 기울게 할 만큼 아름다운 여인)이라고 소문이 자자하지만, 몸무게가 80kg에 가까운 몸이 통통한 여인이라고 한다. 지금도 화청지에 가면 백색 대리석으로 키가 크고 통통한 양귀비 인물상이 여행객들을 맞이한다. 그리고 화청지의 양귀비 별장에 가면 현종과 양귀비가 단둘이 목욕을 하던 해당탕과 연화탕 등이 있다.

화청지 양귀비 인물상

홍경궁(현종과 양귀비 집무실 겸 숙소)

산동성 서남쪽에 있는 곡부(曲阜)는 춘추시대에는 노나라의 수도였으며 공자가 태어난 곳이기도 하다. 도시 전체의 크기는 작지만, 기원전 400년이란 오랜 역사가 있어 우리나라 경주와 같은 고대도시이다. 그리고 이곳은 특히 공자의 후손들이 대거 집성촌을 이루고 있어 마을마다 공 씨들의 인구 비율이 70~80% 이상을 차지하고 있다. 시장, 군수, 면장까지 공 씨가 아니면 출마할 수도 없지만 정부에서 시켜주지도 않는다는 것이 공식화되어 있다.

그래서 곡부는 공자와 분리해서 정치, 경제, 사회, 문화와 역사까지도 따로 설명 할 수가 없다. 공자(孔子)는 기원전 551~기원전 479년 중국 춘추시대의 교육가. 사상가, 정치가 그리고 유교의 시조이다. 이름은 구(丘)이고, 자는 중니(仲尼)이며, 유교를 창시하여 동양 3국(중국, 한국, 일본)에 큰 영향을 끼쳤으며, 후세에는 석가모니, 예수 그리스도, 소크라테스와 함께 세계 4대 성인의 한 사람으로 존경받고 있다. 주나라 주공을 자기 이상형의 정치가로 받들며 자기가 태어난 노나라에서 덕을 바탕으로 하는 이상형 정치를 펴고자 노력하고 애를 썼으나 그 뜻을 이루지 못하자 전국을 돌아다니며 나라를 다스리는 법을 깨우치게 했다. 그는 인(仁)을 덕(德)의 이상으로 정하고 그 바탕으로 삼았으며 예(禮)로써 실천할 것을 가르쳤다. 공자의 가르침을 그의 제자들이 모아 엮은 《논어》에 전한다. 뒷날 맹자가 그의 사상을 이어받아 더욱 계승 발전시켰다. 그리고 공자의 고향 곡부에는 공자의 문묘(남북으로 길이가 1km이고 방의 숫자가

공자(출처 : 현지 여행안내서)

공자묘

대성전(출처 : 현지 여행안내서)

466개)인 대성전이 있고, 인근에는 공자의 묘(무덤)가 있으며, 공자의 아들 공리(孔鯉)와 공자의 손자이며 《중용》의 저자인 자사(子思)의 묘도 있고, 공자 후손들의 묘도 함께 있다. 그 규모가 200헥타르에 이른다. 그래서 이 지역을 중국인들은 공림(孔林)이라고 부른다. 그리고 멀지 않는 곳에 맹자의 어머니 묘와 맹자의 묘가 함께 있다. 참고로 맹자는 공자의 제자가 아니고 공자의 손자인 자사의 제자라는 것을 기억해야 한다.

유교(儒敎)

유교는 공자(孔子)의 가르침을 바탕으로 하는 중국의 전통적 도덕 사상이다. 또한 유교는 중국 춘추전국시대 말기에 나타난 공자의 사상을 받드는 가르침으로, 자기를 완성하고 덕(德)을 남에게 미치게 하는 것을 그 중심 사상으로 한다. 그리고 공자의 사상을 근본으로 삼고 사서오경(四書五經)을 경전으로 하여 정치, 도덕의 실천을 가르치는 학문을 유학(儒學)이라고 한다. 따라서 유학은 유교를 성립시키는 학문으로 일컫는다. 유교는 엄밀하게는 철학이라고도 종교라고도 할 수 없다. 철학, 종교, 정치, 윤리, 역사 등을 분리하지 않은 채로 아울러 지닌 인간의 가르침으로서 발전하여 중국에서는 2,000여 년 전부터 우리나라와 일본에서도 오랜 세월에 걸쳐 사람들의 정신문화에 크나큰 영향을 끼쳐 왔다.

춘추전국시대(기원전 5세기)에 태어난 공자는 실로 뛰어난 학자요 사상가였으나 고국인 노(智)나라에서는 그 뜻을 펴지 못하고 세상을 두루 돌면서 왕도(王道, 인과 덕으로 다스리는 정치사상)를 역설하였다. 그러나 그는 이상을 펴지 못하고 만년에 고향으로 돌아와 제자들을 가르쳤다. 그의 사상은 그가 세상을 떠난 뒤에 제자들이 모아 엮은 그의 언행록인 《논어》에서 잘 나타나 있다.

공자는 인(仁)을 가장 중히 여겼으며 인은 곧 효(孝, 효도)요 제(悌, 우애)라 하여 인의 근본이 가족의 윤리에서부터 시작되어 육친 사이에 우러나오는 진정한 사랑에 있음을 강조하고 그것을 인간사회의 질서 있는 어울림의 원리로 삼아 정치로 발전시켰다.

공자가 세상을 떠난 뒤에 맹자(孟子)와 순자(荀子)가 나타나 유교는 더욱 체계화되고 발전하게 되었다. 맹자는 인(仁)을 실천하기 위한 의(義)의 덕을 내세워 인의(仁義)를 아울러 주창했으며, 또한 인간의 본성은 나면서부터 선

(착함)하다는 성선설(性善說)을 주장하고 이 선한 본성에서 우러나오는 정치로서 왕도론을 주장하였다. 이리하여 유교는 맹자에 의해 더욱 깊이 있게 정립되었으며 인간 윤리에 대한 오륜(五倫)도 제창되기 시작했다. 얼마 뒤에 순자는 맹자의 성선설에 반대이론을 내세웠다. 그는 인간의 본성은 나면서부터 악하므로 예(禮)에 의해서만 수양이 이루어진다는 성악설(性惡說)을 주장하고 예(禮)를 강조하였다. 유교의 사상과 교리를 요약하면 삼강오륜(三綱五倫)과 인의예지(仁義禮智)라고 할 수 있다. 그리고 수신제가 치국평천하(修身齊家治國平天下, 몸을 닦아 집안을 잘 이끌어 나갈 수 있게 된 뒤에야 나라를 다스리고 세상을 편안하게 할 수 있다)라고 하여 먼저 자신의 수양을 강조하였다.

유교는 동양 3국(중국, 일본, 한국)의 중요사상이 되어 왔다. 우리나라에 전해진 연대는 고구려 소수리왕 2년(372년)이라는 기록이 있으며, 백제는 고이왕 52년(285년)에 왕인박사가 《논어》와 《천자문》을 일본에 전한 기록도 있다. 신라에서는 최치원을 당나라에 유학을 보내서 유교에 입문하여 과거에 급제하기도 했다. 고려 시대에는 불교를 숭상하여 유교는 빛을 보지 못했지만, 조선 시대에는 유교를 숭상하고 불교를 억제했다. 그리하여 유학자의 전성시대를 맞이하였다. 그로 인하여 이황(퇴계), 이이(율곡)와 같은 대학자들이 배출되어 그 학풍은 후세 학자들에게 깊은 영향을 끼쳤다.

태산(泰山)은 산동성 중서부지방에 있는 중국의 5악 중 제일 첫 번째로 꼽히는 동부 지방의 명산이다. 이 산은 예로부터 황제가 즉위식 후 하늘과 땅에

태산 정상

제사를 지내는 곳으로 아주 신성시되는 곳이기도 하다.

주봉인 옥황봉은 해발 높이가 1,532m로 우리나라의 태백산과 비슷하다. 정상인 옥황봉에는 옥황상제(도교에서는 하느님)가 자리 잡고 있다. 도교에서는 옥황상제의 행동대장이 저승사자이다. 옥황상제가 저승사자에게 오늘은 몇 시 몇 분에 어느 지역, 어느 곳에 있는 인간을 잡아 오라고 명하면 저승사자는 번개같이 달려가서 즉석에서 붙잡아 옥황상제에게 대령한다. 그리고 멀쩡한 사람이 잠을 자고 나면 죽어 있다. 이것이 바로 저승사자가 잡아가 버린 것이다. 그러나 잡아가도 시체는 그대로 남아있다. 사람의 죽음이라는 것은 육체와 영혼이 분리되는 것을 말한다. 결론은 영혼을 빼앗아가는 것을 의미한다. 우리나라 사람들이 대부분 청명 한식날 집이나 묘지 등에 가토를 하

옥황상제 제단

고 곱게 단장을 한다. 이유는 청명 한식날에는 옥황상제가 전국 전 지역에서 활동하는 귀신들을 모두 불러 모아 회의를 하는 날이다. 그래서 지상에는 귀신이라고는 그 어디에도 없다는 뜻이다. 도교 사상이 뿌리 깊게 박혀있는 중국인들은 그래서 옥황상제가 있는 태산을 그렇게 중요시한다. 황제가 제위에 올라도 옥황상제가 잡아갈까 봐 두려워 즉위식을 한 후 태산에 가서 잡아가지 말라고 하늘과 땅에 제사를 지낸다.

그리고 태산 정상에 올라가는 코스는 일천문에서 올라가면 돌계단이 무려 7,412개의 계단이 있고 중천문에서는 케이블카를 타고 10분 정도면 올라갈 수 있다. 태산 정상에는 오늘도 수많은 관광객이 오르고 내리지만 이 모두가 도교 사상의 전통문화가 뿌리 깊게 박혀있는 중국인들의 도교 문화라고 할 수 있다. 필자 역시 2014년 4월 25일 태산 정상 옥황봉에 올라 옥황상제에게 참배하고 내려온 적이 있다.

성도(成都)는 사천성 동남쪽에 있는 사천성의 수도이며 《삼국지연》의 주인공인 유비의 주 무대로 유명한 관광지이다. 그로 인하여 성도 시내와 외곽 지역에는 삼국지에 등장하는 지역과 인물 그리고 삼국지에 관련된 것들과 유적지들이 대거 산재해 있다. 그리고 한국인들의 입맛에 딱 맞는 새콤달콤한 사천성 요리가 지나가는 나그네들의 입맛을 돋운다. 《삼국지》의 원작은 진나라의 학자 진수가 위 · 촉 · 오나라 3국의 패권 다툼을 정사로 엮은 책이며 지금 우리가 널리 알고 있는 《삼국지》는 명나라 때 나관중이 《삼국지연》의 정사를

사천성 서부의 관문 송판고성(출처 : 현지 여행안내서)

바탕으로 정사 위에 야사를 더하여 흥미진진한 소설에 가깝게 책으로 엮은 것이다. 그러나 주인공들이 등장하는 실존 인물들의 성품과 일생에 관한 모든 사건을 사실적으로 기록하였기에 소설로 분류하기에는 힘이 든다.

《삼국지》의 주요 스토리는 3중의 맹주들 – 호주 출신의 조조와 탁주 출신의 유비 그리고 소주 출신의 손권 – 이 부하 장수들을 대동하고 나라의 패권을 놓고 치열한 전쟁으로 춘추전국시대의 역사를 기록으로 남겨놓은 책이다. 여행은 아는 것만큼 보인다고 한다. 그래서 《삼국지》의 주요 사건들을 알아보기로 하자.

도원결의(桃園結義)는 황건적의 난을 피하기 위해 184년 유비와 관우, 장비가 의용군으로 출전하기 직전 유비의 집 근처에 있는 복숭아꽃이 핀 언덕

유비상

에서 의형제로서 결의를 맺는 것을 말한다. 그러고 나서 세 명의 장수는 피를 나눈 형제보다 더 끈끈한 형제 우애를 죽을 때까지 유지한다.

삼고초려(三顧草廬)는 유비가 전쟁에서 승리하기 위해 전략가를 수소문한 결과 제갈공명과 연결이 된다. 유비는 70km의 먼 거리를 마다하지 않고 제갈공명의 집을 찾아갔지만, 공명은 유비를 집 앞에서 돌려보낸다. 이유는 유비의 사람 됨됨이를 알아보기 위한 전략이다. 그러나 유비는 꼭 필요한 인재라고 생각하여 세 번이나 찾아간다. 드디어 제갈공명은 유비의 군사가 되겠다고 승낙한다. 지금도 성도 제갈공명의 집을 찾아가면 공명의 초가집 마당에는 삼고초려 당시의 모습을 밀랍 인형으로 재현해 놓은 것을 볼 수가 있다.

관우상

제갈량상

적벽대전(赤壁大戰)은 조조가 오나라를 목표로 전투를 벌인다. 이에 오나라 장수 주유와 유비의 전략가 공명은 자신들의 주군인 손권과 유비에게 서로가 합동작전을 벌이자고 건의한다. 그래서 연합군이 형성되어 조조의 공격에 반격을 가하기로 했다. 그리고 전략가 제갈공명의 화공법으로 장강 하류의 적벽에서 마지막 승부를 던졌다. 제갈공명과 주유의 전략에 빠진 조조 군사는 함선과 병기들이 모두 불타버리고 조조가 대패하고 물러가게 된다. 그래서 불로써 자연의 바람을 이용하여 적진을 불태우는 이 화공법의 전투를 이름하여 적벽대전이라고 한다. 무후사는 위 · 촉 · 오나라들이 3세기경에 활약하던 삼국시대의 촉나라 수도 성도에 있는 유비와 제갈공명의 무덤이 있는 곳이다. 무후사는 원래 유비의 묘만 있었지만 14세기에 이르러 제갈공명의

장비상

묘가 합쳐지면서 그 규모가 크게 불어나 지금은 3만 7,000m^2에 이른다. 원래는 촉·한 소열황제의 묘였지만 제갈공명의 묘가 합작되면서 제갈공명의 시호인 충무후에서 이름을 따 무후사라고 불린다고 한다. 소열전은 유비·관우·장비상이 있는 곳으로 책에서나 영화에서도 많이 보았지만, 실물은 아니다. 하지만 이목구비를 바라보면서 그 옛날 춘추전국시대를 상상해보는 것도 뜻깊은 여행이라고 생각된다. 그리고 제갈공명상은 유비·관우·장비상이 있는 소열전 바로 뒤에 자리 잡고 있다.

참고로 《삼국지》의 이름난 장수들의 중국식 발음은 유비는 휴베이, 관우는 관위, 장비는 감페이, 제갈공명은 주거쿵밍, 조조는 차오차오 그리고 손권은 쑨취안으로 발음하고 있다. 지금도 성도는 《삼국지》에 등장하는 인물과 배경

등으로 인해 관광 수입도 나날이 늘어나고 있고, 여행객이나 관광객들에게 많은 사랑을 받고 있다. 끝으로 성도 여행을 계획하고 있다면 사전에 중국의 고전 명작 나관중이 집필한《삼국지》상 · 중 · 하편을 필독하고 나서 여행을 하면 많은 도움이 되리라고 믿어 의심치 않는다. 그래서 여행은 아는 것만큼 보인다고 한다.

그리고 낙산으로 이동하면 세계에서 제일 큰 불상이 기다리고 있다. 높이(크기)가 71m, 머리가 14.7m, 귀의 길이가 6.72m, 코 길이가 5.33m, 산의 높이와 불상의 높이가 동일하다고 할 수 있다.

워낙 큰 불상이기에 가까이서는 쳐다볼 수가 없고 정면에 흘러가는 강물에 배를 타고 노를 젓는 뱃사공과 함께 기념 촬영도 하고 불상을 구경해야 한다. 이것이 이번 성도 여행의 마지막 일정이다.

낙산대불(출처 : 현지 여행안내서)

황산은 안휘성 남동쪽에 있는 중국 10대 관광지 중의 하나인데 안휘성의 4개 현과 5개 시에 걸쳐 있다. 기암괴석과 거송 그리고 운해가 조화를 이루고 있어 황산은 지상 최고의 절경이라고 중국인들은 극찬을 하고 있다. 그리고 72개의 봉우리로 이루어져 있는 황산의 면적은 154km^{2}이고, 둘레가 약 120km로 인해 중요한 지역만 골라보아도 일주일 이상은 걸린다고 한다. 그러나 한국인들의 패키지여행은 황산 방문을 보통 1박 2일 정도의 코스로 일정을 마무리한다.

그래서 황산의 정상 연화봉을 등정하기 위해서는 케이블카를 이용해야 한다. 케이블카를 타고 전망대까지 가는 데 걸리는 시간은 10여 분 정도면 충분하다. 그리고 황산을 오르는 케이블카는 총 세 군데에 설치되어 있다. 황산 대문 방향의 온천지구에 있는 옥병 케이블카를 타면 자광각을 지나 옥병루에 오를 수 있고, 동쪽에 있는 운곡 케이블카를 타면 운곡사를 거쳐 백아령까지 갈 수 있다. 그리고 북쪽에 있는 태평 케이블카를 타면 송림봉에서 송곡암까

황산

안휘성 민속놀이(출처 : 현지 여행안내서)

지 갈 수있다. 이 세 지역에 케이블카가 있어도 너무나 많은 관광객이 밀어닥치기 때문에 이른 아침 시간을 이용하는 것이 가장 좋을 때라고 한다.

그 외의 시간이라면 보통 1시간 정도는 케이블카를 타기 위해 줄을 서야 하고 성수기 때는 3시간을 기다리는 경우가 허다하다고 한다. 현지 가이드의 말을 인용하면 명나라 어느 지리학자가 황산에 올라와서 "나는 화산, 항산, 형산, 태산, 숭산(오악)을 보고 나서 다른 산은 눈에 차지도 않았고 황산을 보고 나서는 오악도 눈에 차지 않았다. 이제 천하에 내가 보고 싶은 산은 없다."라는 말을 남겼다고 한다. 그래서 중국 속담에 산을 구경하려면 황산을 가야 하고, 물을 구경하려면 구채구를 찾아가야 한다고 하였다.

황산의 관광 주요 포인트(Point)를 짚어보면 천도봉, 옥병루, 광명정, 배운정, 시신봉, 사자봉, 청량대, 비래석 그리고 해발 1,860m의 최고봉인 연화봉 등이 있다. 그리고 하산하여 다음 날 일정으로 안휘성의 역사와 문화를 간직한 휘주박물관, 명 · 청대 민가들의 모습을 재현한 명 · 청대의 옛 거리, 명나라 때 각 계층의 집을 재현해 놓은 잠구주택, 연못과 정자가 어우러진 포가화원, 포 씨 가문이 건축한 당월패방군 등을 들러볼 수 있으며, 저녁에는 옵션으로 전신 마사지와 휘운 가무쇼가 즐겁게 여행하고 다니는 관광객들의 발길을 기다리고 있다.

구채구(九寨溝)는 사천성 성도에서 북쪽으로 약 450km 떨어진 북부 산악지대에 위치한 물 맑고 경치 좋은 중국의 대표적인 관광지이다. 계곡의 면적은 720km^{2}이며, 상류에서 하류까지 이어지는 계곡의 길이는 총 50km에 이른다. 원시적인 자연환경을 보존하기 위하여 유네스코는 1992년 세계 자연유산에 등재하였다. 구채구는 Y자 모양의 측사구와 일측구가 만나서 수정구로 흘러내린다. 중국에서는 산을 구경하려면 황산에 올라가야 하고 물을 구경하려면 구채구에 가보라는 말이 있다. 얼마나 수정같이 물이 맑고 경치가 좋은지 이곳은 연못이라고 부르지 않고 바다 '해(海)'자를 사용하여 경해, 장해, 서우해 등으로 부른다. 측사구의 가장 상류에 있는 장해는 남북으로 길이가 7.5km이며, 폭은 500m이고, 수심이 80m 그리고 해발 3,103m에 자리 잡고 있다. 장해에서 하류 쪽으로 계단을 내려가면 호수 중 제일 작은 오채지가 있다. 일측구는 발원지에서 9km 구간에 걸쳐 아름다운 계곡과 비경이 경해로 이어진다. 경해는 산과 하늘이 거울처럼 맑은 물에 비쳐 물을 보는 것이 아니고 거울을 보고 있다는 뜻으로 경해라고 부른다. 그래서 구채구에

경해

서 가장 아름다운 경치로 손꼽히는 호수는 경해라고 한다. 진주탄폭포는 바위에 부딪혀 떨어지는 물방울이 햇빛에 진주알처럼 투명하게 보인다고 해서 '진주탄폭포'라고 한다. 수정구의 와룡해는 물속의 바위가 용이 꿈틀거리는 듯하다고 해서 와룡해라 칭하고, 바위가 두 마리의 용 모양을 하고 있다고 해서 쌍룡해라고 칭한다. 그리고 수정군해는 5km에 걸쳐 수정같이 맑은 크고 작은 호수들이 모여 있는 곳이라고 하여 수정군해라고 부르고 있다. 구채구의 호수들은 모두가 너무나 물이 맑아 바닥이 훤하게 들여다보이며 에메랄드 빛으로 물들어 있는 호수들은 태고 때부터 원시적인 자연을 그대로 간직하고 있어 자신들의 아름다움을 유감없이 발휘하고 있다. 그래서 중국인들은 자랑삼아 구채구의 물을 보고 나면 다른 물은 안중에도 없다고 한다. 그리고 중국

동화세계(출처 : 현지 여행안내서)

서우해(출처 : 현지 여행안내서)

오화해(출처 : 현지 여행안내서)

화화해월야(출처 : 현지 여행안내서)

정부 당국에서는 자연환경 보호를 위하여 1일 관람객의 수를 1만 2,000명으로 엄격히 제한하고 있다.

황룡(黃龍)은 구채구에서 북동쪽으로 약 70km 정도 떨어진 곳에 위치하고 있으며 산기슭에 계단식으로 상하로 펼쳐진 약 3,400개의 석회암 연못으로 유명한 관광지이다. 민산산맥 아래 풍경구가 용이 꿈틀대는 듯 길게 뻗어 있어 황룡이라고 불린다. 계단식으로 이루어진 연못에 석회질이 침전된 바닥에 물이 고여 바라보는 각도에 따라 수정 같은 다양한 물빛을 창조하고 있으며 용의 비늘처럼 물결이 반짝반짝 빛이 나고 있다. 그리고 구채구에서 황룡을 가기 위해서는 고갯마루를 넘어야 한다. 고갯마루에는 구채구와 황룡을

옥반지(출처 : 현지 여행안내서)

오가는 여행객들의 편의를 위해 휴게소가 마련되어있다. 현지 가이드는 우리 일행들에게 모두가 빠짐없이 산소통을 하나씩 구입해서 착용하고 출발하자고 한다. 그래서 우리 일행들은 모두가 산소통을 하나씩 구입해서 착용하고 황룡으로 출발했다. 정작 현지에 도착하니 우리 일행들과 소수 관광객만이 산소통을 착용하고 다닌다. 답답하기는 하지만 혹시나 고산지대로 인한 산소 결핍으로 두통이 염려스러워 벗고는 다닐 용기가 없었다.

황룡은 입구부터 오르막 경사로 황룡사 전화옥지까지는 3.7km이며, 면적은 10km^{2}에 이른다. 올라갈수록 해발 3,100m에서 최고 3,600m의 고지에 이르고 있어 노약자나 심신이 약한 사람은 두통이 나 어지럽기도 하므로 정점을 포기하거나 천천히 걸어 다녀야 한다. 황룡사는 옥취봉을 등지고 있는

황룡 오채지(출처 : 현지 여행안내서)

불교사원이다. 그리고 황룡사 뒤에는 석회동굴인 황룡동굴이 있는데 수많은 종류석과 명대에 만들어진 삼존석불과 용 등의 조각 작품들을 볼 수가 있다. 전화옥지는 옥취봉 아래 위치한 작은 연못으로 땅속에서 솟아오르는 샘물이 물 위로 나타났다가 사면으로 흩어진다. 분경지는 석회석이 침전되어 형성된 샘이다. 모두 10개의 샘으로 이루어져 있으며, 샘 속에는 고목들이 여러 갈래로 잠겨져 있는 것이 훤하게 들어다 보인다. 쟁염채지라고 하는 곳은 황룡에서 가장 아름다운 연못으로 주변의 원시림들로 인해 봄에는 잎이 피고, 여름에는 무성한 나뭇가지, 가을에는 단풍잎, 겨울에는 눈꽃 등이 번갈아 가며 연못에 자수를 놓아 천하일지 쟁염채지라고 한다.

쟁염채지와 옥취봉 아래 오채지(출처 : 현지 여행안내서)

여강의 호도협은 금사강이 옥룡설산과 합파설산을 갈라서 세계에서 제일 깊은 대협곡 호도협을 형성한다. 총길이는 17km이고, 상하 낙차는 200m이며, 양안의 설봉은 강변보다 약 3,000m가 높다. 호랑이가 강 중심의 큰 바윗돌에서 맞은편 강기슭으로 뛰어올랐다고 해서 호도협이라고 전해오고 있다. 호도협은 상, 중, 하 세 단계로 나뉘고, 협곡에는 12개 험탄이 드문드문 배열되어 있어 파도가 소용돌

호도협

이치면 마음마저 조마조마해진다. 강의 너비가 제일 좁은 곳은 30m 정도이고 강 중심에는 많은 암석이 있어 급류가 부딪치면 파도는 하늘 높이 치솟으며, 그 모습은 장관을 이룬다. 천하제일의 기협이라 불리는 호도협은 북쪽으로는 합파설산(5,396m)이 있고, 남쪽으로는 옥룡설산(5,596m)이 있어 서로가 마주 보고 있다. 그리고 예나 지금이나 금사강 물길 따라 티베트로 향하는 차마고도의 옛길은 지금도 선명하게 자국이 남아있어 나그네들의 눈길을 사로잡는다.

옥룡설산은 만년설 중에 지구의 북반구에서 가장 남단에 위치한 만년 설산이다. 옥룡설산은 총 13개의 봉우리로 이루어져 있으며 산 위의 눈산들이 마치 한 마리의 용이 누워있는 모습이라고 하여 옥룡설산이라고 한다. 또한

옥룡설산(출처 : 현지 여행안내서)

방천 케이블카

이 옥룡설산은 여강의 원주민인 나시족들에게는 민족의 기원이 담긴 불멸의 설산으로 숭배의 대상이기도 하다. 현지에 있는 방천 케이블카로 해발고도 4,506m인 옥룡설산 거점까지 관광할 수 있으며, 만년 설산인 옥룡설산의 위엄을 가장 가까이에서 보고 느낄 수 있다. 여강의 인상여강쇼는 차마고도의 대서사와 옥룡설산을 배경

옥룡설산, 금사강, 합파설산

으로 하여 펼쳐지는 환상적인 공연이며 세계적인 거장 장예모 감독이 연출하여 그 아름다움이 배가된다. 특히 인상여강쇼는 옥룡설산을 배경으로 노천 무대에서 펼쳐지는 공연이다. 출연하는 배우들은 전문 배우가 아닌 실제 여강 지역에 살고 있는 나시족들이 출연하고 있으며 소수민족의 삶과 사랑, 목숨을 걸고 차마고도를 지나가는 마방의 이야기를 모티브(Motive)로 연출한 작품이다.

옥룡설산 거점

천년의 역사 속에 남아있는 유네스코가 지정한 세계적인 문화명승지인 여강고성은 총면적이 약 742km^{2}이고, 인구는 약 30만 명 정도의 작은 도시이다. 30만의 인구 중 나시족이 57.5%를 차지하고 있는 여강은 수수하면서도 고풍스러운 건축물과 우아한 옛 고성의 정취를 잘 간직하고 있어 수많은 관광객이 여강을 찾고 있다. 여강고성 내의 옥천수는 여강고성의 시내를 가로질러 흐르며, 길마다 수로가 등장하고 집집마다 문 앞에 푸른 물이 흐르고 있어 어느 거리나 골목마다 모두 다 작은 다리가 있고, 그 밑으로는 맑은 물이 흐르고 있다.

여강고성의 아름다움은 주변의 자연환경과 이질적이지 않은 모습으로 자

여강의 인상쇼(출처 : 현지 여행안내서)

여강고성 야경

옥천수

연 친화적인 구조로도 유명하다. 그리고 고성 서북 방향 30km 지점에 위치한 옥룡설산은 해발고도 5,596m로 지금까지 아무도 이곳에 오르지 못했고, 그 만년설이 녹아 여강고성 사이를 흐르는 시냇물로 더욱더 유명하다. 그래서 여강은 옥룡설산에 1년 내내 눈이 쌓여 있는 여강의 대표적인 만년설의 덕을 톡톡히 보고 있는 셈이다.

백사벽화는 여강에서 10km 떨어진 나시족의 전통마을로 13세기 몽골족에 의해 멸망한 나시족 왕국의 수도였다. 여강의 대지진 이후 관광지로서 유명해졌지만, 이곳 백사는 예나 지금이나 원형 그대로의 모습을 잘 보존하고 있다. 그리고 지구상에서 유일하게 모계중심사회를 유지하고 있는 나시족에게는 결혼이라는 제도가 없다. 남녀가 서로 만나 호감을 느끼면 남자가 차, 술, 담배 등을 지참하고 여자 집으로 인사를 하러 가는데 이 선물을 조상에게 바침으로써 둘은 연인 관계가 된다. 이를 아주혼(阿洲婚)이라고 한다.

아주혼을 맺은 남녀는 사랑이 유지되는 동안 밤마다 남자가 여자의 방으로 가서 관계를 맺은 후 아침이면 자기 집으로 돌아간다. 사랑이 식으면 깨끗하게 헤어지고 만다. 그리고 아이가 태어나면 어머니의 성(姓)을 따르며 재산 또한 맏딸에게 증여가 된다. 남자의 경우 여자의 의견에 따라 함께 살 수도 있고 헤어질 수도 있다. 그리고 이혼 시에 자식은 어머니에게 귀속된다. 어머니를 기준으로 가족이 형성되기 때문에 각각의 아버지가 다른 자식들이 한 어머니와 함께 생활하는 것이 특징이다. 우리나라 조선 시대의 반대 현상으로 보면 된다. 그래서 인기 있는 나시족의 여성은 일생 동안 수십 명의 남자와 밤을 보내기도 한다. 그리고 티베트 지역 가운데 청해성에 거주하는 항남 티베트족 자치구에서는 형제 일처혼으로 유일한 결혼제도를 유지하고 있다. 결론은 장남이 결혼을 하면 그 집 형제 모두가 동시에 한 여자와 결혼을 하게 된다. 그래서 한 여자를 형제가 아내로 공유하는 풍속이다.

자식이 태어나면 맏형인 장자가 아버지가 되고 나머지 동생들은 리로이라고 부른다. 그래서 법적으로는 장자의 자식이지만 친아버지는 누구인지 아무도 모른다. 서열을 정하여 부부생활을 하지만 부부생활이 지나면 서열이 다가올 때까지 주로 돈을 버는 일로 외지로 나가든지 요즈음 같으면 출장을 가는 것으로 일상생활을 하고 있다. 필자가 왜 이런 제도를 유지하고 있는지 물어보니 제일 중요한 것은 가난이라고 한다. 차마고도를 따라 첩첩산중에 형제 일처혼제도가 제일 많이 전해오고 있다.

곤명(昆明)의 원통사는 1,200년의 역사를 가진 곤명 최대의 불교사찰이다. 당나라 때 세워졌으며 창건 당시의 이름은 보타사라고 하였다. 1255년 몽골의 침략으로 파괴된 것을 원나라 때 중건되어 현재의 명칭인 원통사로 명명했다. 원통사는 연못을 중심으로 천왕전, 원통보전, 팔각정 등이 자리잡고 있는데, 팔각정은 원통보전 앞 연못 위에 지어져 내부에는 천수관음상과 옥불상 등이 있다. 내부는 궁전을 연상케 할 만큼 화려한데, 이중 원통보전은 1불 2보살 500나한이 모셔진 곳으로 참배객들이 끊이지 않는 곳으로

원통사

유명하다.

취호공원은 곤명시의 중심으로부터 북서쪽으로 퍼져있는 곤명시 최대크기의 공원으로, 공원 안에는 4개의 연못이 있으며 해심정이라는 절이 있다. 연꽃의 푸른 잎이 호수를 가득 메우고 있는 정경이 너무나 아름다워 취호라고 불리고 있다. 호수 안에는 여러 개의 섬이 있고, 이 섬들은 모두가 다리로 연결되어 돌아볼 수 있게 해 조용히 연인들이 산책하기에 좋다. 취호는 14세기 중엽에 원나라 때 개방되었고 11~2월까지 바다가 없는 곤명에서 유일하게 시베리아의 붉은 입 갈매기를 볼 수 있다. 한편 취호공원 주변에는 호수 경관을 조망할 수 있는 크고 작은 카페들이 모여 있어 해 질 무렵 연인들의 데이

취호공원

석림(출처 : 현지 여행안내서)

트 장소로도 유명하다.

석림(石林)은 곤명에서 남동쪽으로 약 12km 떨어진 곳에 있으며 해발 1,750m의 고지에 형성된 석회암 바위 숲을 가리켜 석림이라고 한다. 약 2억 7천만 년 전에 지각 변동으로 인해 바다가 육지가 되면서 오랜 세월에 걸쳐 풍마우세로 뾰족뾰족한 돌들이 울쑥불쑥하게 솟아올라 현재의 모습으로 보존되고 있다.

처음 석림을 대면하게 되면 모든 관광객은 눈동자는 둥글게 변하고, 입은 크게 벌어지고, 가슴은 두근거리고, 말문은 막히고, 뒤로 넘어질 듯한 행동 등은 석림을 가본 사람은 누구나 경험해 보았다고 믿어 의심하지 않는다.

그래서 석림에 가보지 않고서 곤명에 갔었다고는 말할 수 없다. 반면에 곤명에 가보지 않고도 석림에 갔었다고 말할 수 있을 정도로 석림은 곤명을 대표하는 관광지로 유명하다.

석림

이 지역은 석림만 있는 것이 아니고 토림(土林)도 있다 토림은 돌보다 흙에 가까우면서 석림의 형태를 갖추고 있어 토림이라고 부른다. 석림의 입구를 통과해서 조금 더 내려가면 회색 암석에 붉은 글씨로 석림이라는 글자가 뚜렷하게 새겨진 병풍바위가 나타나고, 병풍바위 뒤로 돌아가면 바위틈 사이로 미로 같은 좁은 길이 자신도 모르게 안내를 한다. 화살표 방향으로 계속 따라가면 기암괴석이 좌우로 나무숲처럼 펼쳐진다. 조금 더 가면 돌이 물속에 잠겨있는 곳이 보이는데 이곳이 연화봉을 끼고 있는 검봉지이다. 연화봉이란 바위 정상이 연꽃 모양을 하고 있어 연화봉이라고 한다. 검봉지에서 조금 더 걸어가면 30m 높이의 바위가 우뚝 솟아 있고 망봉정이라는 전망대가 있다. 망봉정에서 사방으로 바라보이는 석림은 그야말로 말로 표현할 수 없게 아름

석림

다워 자연인지 신의 장난인지 분간할 수가 없다. 대석림과 소석림은 다리로 연결되어 있으며 대석림 코스는 2시간, 소석림 코스는 30분 정도의 시간이 소요된다.

상해(上海)의 신장강 호텔은 준 4성급 호텔로 우리가 오늘저녁 묵고 가는 호텔이다. 총 324개의 객실을 보유하고 있으며, 상해 보산구에 자리 잡고 있다. 중국의 표상인 양자강 하류의 오송부두 옆에 있어 관광객들이 주로 이용하는 호텔이다. 호텔 앞은 양자강과 황포강이 합류하여 동해로 흘러드는 삼각지로 상해 수상교통의 중심지라고 불린다. 이 삼각지에 설치된 오송부두에는 여객선으로 중국 4대 불산 중의 하나인 보타산까지 운행하는 선박이 있

상해 임시정부청사 정문

다. 그리고 먼저 상해 임시정부청사로 이동했다. 상해 임시정부청사는 상해에 수립한 대한민국의 임시정부청사로 1993년과 2002년에 대대적인 복원공사를 거쳐서 현재 모습에 이르렀다. 항일투쟁 시대의 활약상을 담은 영상물과 임시정부 요인들의 사진, 당시의 태극기, 백범 김구 선생의 집무실, 각 부처 국무위원들의 집무실, 임시정부의 활동과 관련된 자료들을 둘러보았다.

동방명주탑은 높이 470m로 세계에서 세 번째로 높은 송신탑이다. 순수한 중국 자본과 기술로 푸동 개발 계획이 발표된 지 3년 만인 1992년에 완공되었다. 대형 탑의 야간조명이 로맨틱한 분위기를 만들어 낮보다는 밤이 더 멋지다고 한다. 전망대에서 바라보는 푸동의 야경 또한 놓칠 수 없는 관광 포인트이고 외관을 사방으로 바라보는 것은 환상적이라 할 수 있다. 예원의 옛 거리는 상해의 대표적인 관광명소이자 유일한 정원이다. 명 · 청대의 양식으로 지은 건물이 섬세하고 아름다운 자태를 뽐내는 정원이라고 할 수 있다.

예원의 옛 거리

바로 옆에 있는 상해의 옛 거리에 가면 긴 갈래머리 모자, 자개, 귀걸이와 전통 다기 세트, 광택 있는 공단천으로 만든 복주머니 등 다양한 기념품들을 구입할 수 있다. 특히 10분이면 완성되는 '나무도장'은 이름이나 특별한 의미들을 한문으로 새겨 주기 때문에 선물용으로 인기가 있다. 상해의 강촌 대부분이 속해있는 황포강은 무석의 태호를 그 원천으로 하며 총길이 1,131km의 하천으로 상해 중심을 흐르며, 강을 중심으로 상해는 포동지구와 포서지구로 나누어져 있다. 또한 강 주변에는 외탄이라는 산책로가 있어서 상해를 방문하는 여행자들에게 낭만적인 장소가 되기도 한다. 황포강의 유람은 외탄에서 오송구까지 왕복 60km의 여정으로 유람선을 타고 유람하면서 상해 최초 공업단지 부흥도, 아시아금융무역센터, 포동개발구, 동방명주 TV수신탑, 웅장한 양자강 하구 등의 경관을 감상하는 일정이다. 보통 이 여객선은 금릉통로와 가까

상해 중심지역과 황포강

운 황포강 기슭에서 출발하여 오른편으로는 외탄, 왼편으로는 국제여객선부두, 상해조선소, 부흥도 등을 바라보며 약 3시간가량 40km 정도를 천천히 나아가 장강과 합류점에서 삼협수의 정경을 관람하고 돌아온다.

상하이의 잡기라고 하는 서커스는 경극과 더불어 중국을 대표하는 문화이다. 경극의 중심이 베이징이라면 서커스의 중심은 상하이라고 해도 과언이 아니다. 상하이의 서커스는 높은 수준을 자랑하며, 잡기는 그 이름처럼 곡예와 다양한 기술이 집대성된 중국 고유의 전통예능으로 인간의 기술이라고는 생각할 수 없는 묘기로 관중들의 시선을 사로잡는다. 자전거 곡예, 외줄 타기 같은 서커스 외에도 성대모사 등 남녀노소 누구나 즐길 수 있는 다양한 프로그램으로 구성되어 있다.

항주(杭州)는 마르코 폴로가 세계에서 가장 아름다운 도시라고 극찬한 도시이다. '상유천당 하유소항(上有天堂 下有蘇杭)'이라는 말이 있다. 하늘에는 천당이 있고, 땅에는 소주와 항주가 있다는 뜻이다 아름다운 도시로 유명한 항주는 절강성의 수도로 누구나 시상을 떠올릴 만한 아름다운 풍경을 자랑하는 서호가 있기에 더욱더 자랑스러운 항주라고 극찬을 아끼지 않는다.

서호는 관광 자체가 유람이라고 한다. 항주 서쪽에 펼쳐진 서호는 항주의 상징이자 중국의 10대 명승지 중의 하나이다. 어느 장소, 어느 때 보아도 항상 아름다워서 절세의 미녀 서시에 비교하여 서자호라는 별명을 가지고 있으

서호 유람선

며, 또한 도시 서쪽에 있다고 하여 서호라는 이름으로 불리게 되었다. 서호는 계절과 장소에 따라 다른 아름다움을 나타낸다고 알려져 있는데 이것이 바로 유명한 서호 10경이다.

청하방 옛 거리는 남송 시대의 시장 거리를 재현하고 있는 시장통 거리이다. 아기자기한 소품부터 골동품, 기념품까지 한꺼번에 구입할 수 있으며 각종 식품과 떡 치는 방앗간까지 없는 것이 없다.

주자각은 상하이 청포구 내에 자리 잡고 있는 물의 도시로 전형적인 강남 수향 고진이다. 인구는 약 7,000명이며, 주요거리는 북대가, 동정가, 서정가, 대신가, 동시가 등이 있다. 그중 북대가는 2005년 11월에 상해 10대 휴

떡 방앗간

주자각

한거리 중의 하나로 선정되어, 우리나라에는 드라마 '카인과 아벨'의 촬영지로 알려지면서 유명한 관광명소로 자리 잡고 있다.

청암고진은 귀양 시내에서 남쪽에 위치하고 있으며 푸른 돌들을 써서 지었다고 하여 청암이라는 이름이 붙여진 곳이다. 명나라 초 1378년에 건설한 군사 요지로 주둔군의 보급창으로 사용되었으며 운남성 곤명으로 가는 길목에 있어 상업 중심지 역할을 하였다. 지금은 한족을 비롯하여 10여 개의 소수민족이 함께 섞여서 생활하고 있다. 명나라 · 청나라 시대의 옛 건축물을 비롯하여 각종 종교 문화가 그대로 보존되어 있어 독특한 분위기를 느낄 수 있다.

황가수폭포(출처 : 현지 여행안내서)

황가수폭포는 귀주성의 안순에서 서남쪽으로 약 45km, 귀양에서 약 150km 떨어진 백수하에 자리 잡고 있다. 폭포의 높이는 75m이고, 너비는 85m로 아시아에서 최대규모를 자랑한다. 하늘에 뚜껑이 열려 떨어져 내린 은하수가 절벽에 걸려 황가수폭포가 되었다는 전설을 가지고 있으며 여름철에는 물의 양이 많아서 굉음을 내며 쏟아져 내리는 폭포 소리를 듣는 것만으로도 가슴에 시원한 감동을 느낀다. 폭포 뒤로는 길이가 134m로 이어지는 동굴이 있어 동굴을 지나가면서 손을 내밀면 무섭게 쏟아지는 폭포수를 손으로 만져 볼 수가 있다. 그리고 옷을 적시지 않고 폭포수를 만져 볼 수 있는 대형 폭포는 이곳 황가수폭포 이외에는 지구촌 그 어디에도 없다고 한다.

대동해변

해남도(海南島)인 하이난의 대동해는 싼야 시내에서 3km 거리에 있는 토자미(兎子尾)와 녹회두(鹿回頭) 중간에 있는 해변이다. 푸른 나무와 햇빛이 어우러진 이곳은 낮에는 다양한 레저 스포츠를 즐기는 사람들, 노을이 질 무렵이면 핑크빛 하늘과 야자수가 어우러진 절경을, 밤이면 휴양지의 밤을 느낄 수 있는 곳이다. 해안가를 따라 바, 음식점 등이 운영되고 있어 로컬 분위기를 느끼고자 하는 많은 관광객이 찾고 있다. 그리고 겨울철 바닷물의 온도가 18~22도 사이로 스쿠버다이빙, 스노클링, 제트 스키, 바나나보트 등 해상 스포츠 운동도 아주 적합한 곳이다.

파인애플몰은 대동해 주변에 위치한 쇼핑몰이다. 파인애플 모양의 외관은 시선을 한눈에 사로잡는다. 1층에 미니소와 맥도날드, 2층에는 대형 마트가 입점되어 있어 쇼핑을 위한 최적의 장소이다. 하이난을 여행하면서 한 번은 꼭 들르게 되는 곳 중의 한 곳이다.

녹회두공원은 싼야시 남쪽 외곽 언덕에 있는 공원이다. 젊은 사냥꾼과 사슴 여인에 얽힌 낭만적인 전설이 전해지는 이 공원은 연인들의 데이트 코스로 사랑받는 곳이다. 싼야에서 제일 높은 곳 중의 하나로 시내 전경과 바다 풍경을 한눈에 볼 수 있는 이곳은 낮에는 탁 트인 시원한 하이난을, 해 질 녘에는 로맨틱한 하이난을, 밤에는 반짝이는 별빛 야경의 하이난을 담아 갈 수 있는 곳이다.

녹회두공원

젊은 사냥꾼과 사슴 여인의 사연은 어느 날 사냥꾼이 사슴을 발견하였다. 사슴은 사냥꾼의 표적이 될까 봐 젖먹은 힘을 다해서 도망을 치게 되고 사냥꾼은 있는 힘을 다하여 사슴의 뒤를 쫓아갔다. 둘은 녹회두공원 정상 가까운 곳에 도달했다. 그러자 사슴은 갑자기 예쁘장한 여인으로 변했다. 그러자 사냥꾼은 활과 화살을 버리고 여인에게 사랑을 고백한다. 그리고 사냥꾼과 여인은 부부가 되어 녹회두공원을 터전으로 삼아 행복하게 잘 살았다고 한다.

푸싱지에(BuXingJie)는 보행자 거리라는 뜻이다. 맥도날드, KFC, 피자헛 등의 유명 프랜차이즈 식당과 미니소, 왓슨스(Watsons) 등이 있다. 또한 하이난의 특산물인 진주를 이용한 액세서리와 다양한 기념품을 구경할 수 있다. 대동해의 아름다운 비치와 광장, 상가, 야외 라이브 카페 등이 길게 뻗어 있어 하이난의 로컬 분위기를 느끼려는 현지인들과 관광객들이 늘 가득한 곳이다.

천애해각은 '하늘의 가장자리와 바다의 끝'이라는 아름다운 이름을 가진 하이난의 대표 관광지 중 하나이다. 이름처럼 많은 연인들이 영원한 사랑을 약속하기 위해 방문하며, 수백 개의 기암괴석과 푸른 바다의 조화로 하이난 내 아름다운 해변 중 하나로 꼽힌다. 특히 천애해각의 뜻을 알고 이곳을 방문한다면 더욱더 낭만적인 해변으로 느껴질 것이다.

싼야 자연보호지구 내에 위치한 뼁랑빌리지는 오래전부터 이곳에서 살고 있는 이족과 묘족의 생활 모습을 한눈에 볼 수 있는 곳이다.

현재까지도 이족과 묘족은 빌리지 내에 전통 가옥을 만들어 생활하고 있어 생생한 생활 모습을 볼 수 있으며, 불 쇼, 대나무 춤, 민속악기 연주 등 소수 민족들의 다양한 쇼도 관람할 수 있다. 그리고 이곳은 카트, 집라인 등 다양한 부대시설로 더욱 색다른 재미를 느낄 수 있는 테마파크이기도 하다. 그리고 옛날 옛날 한 옛날에 이곳에 큰 재난이 불어닥쳐 사람이라고는 어린 남매만이 살아남았다. 남매는 성인으로 성장하여 큰 고민이 생겼다. 사랑도 해야 하고 자식도 낳아야 한다. 그래서 여동생이 오빠 몰래 온몸에 문신을 새겼다. 오빠는 동생을 몰라보고 겁간을 하게 된다. 그 후 남매는 자신도 모르게 부부가 되어 삥랑빌리지의 시조가 된다.

삥랑 빌리지

송성가무쇼

지금도 이곳 이족과 묘족의 할머니들은 몸에 모두가 문신을 새기며 살아가고 있다. 이것이 이족과 묘족의 전통문화라고 한다.

그리고 남녀노소 누구나 즐길 수 있고 하이난 여행에서 최고의 흥미진진한 시간을 가져다주는 송성가무쇼를 관람하고 공항으로 이동했다.

실크로드(Silk Road)

비단길, 실크로드(Silk Road)는 그 옛날 아시아 대륙부를 가로질러 중국과 서아시아 지중해에 이르기까지 이어졌던 동서교류의 교통로를 실크로드라 명하였다. 지리적으로는 현재 중국 서안에서 천산을 넘어 중앙아시아를 거쳐 튀르키예의 이스탄불까지를 정설로 보지만 연구원들에 따라 우리나라 경주

서안 실크로드 출발지(출처 : 현지 여행안내서)

에서부터 로마까지 확대해서 해석하는 사람도 있다. 이와 함께 해상실크로드를 연구하고 거론하는 사람도 있다.

실크로드의 용어를 제일 먼저 사용한 사람은 독일의 지리학자 페르디난트 폰 리히트호펜(Ferdinand von Richthofen)이다. 그 당시 주요 교역품이 비단이라는 것에 착안하여 실크로드란 이름으로 명명하였다. 실크로드를 오고 간 물품은 비단을 비롯해서 도자기, 향신료, 모피, 차, 금, 은 등으로, 특이한 것은 종교와 중국의 제지(종이) 기술이 서양으로 전해지면서 서양문물이 급속도로 발전하였다. 그러나 정작 실크로드의 주역은 현재 우즈베키스탄의 사마르칸트와 부하라를 거점으로 한 소그드인들의 대상 집단들이다. 지금도 사마르칸트와 부하라를 방문하면 그 당시 실크로드의 상가들이 아직도 명

한양릉 박물관

맥을 유지하고 있으며, 과거 이곳에서는 동서양 진영에서 온 사람들이 물품과 자국 화폐 등으로 교류를 할 수 있게 물물교환과 환전 장소가 있었다. 즉 쉽게 수익을 내고 자국으로 돌아갈 수 있게 시장이 형성되어 있었다. 낙타를 이용하기 때문에 갈 때도 싣고 가고 올 때도 싣고 오는 풍토가 조성되었다. 그래서 서안에서 로마, 로마에서 서안까지 오고 가는 상인들은 없었다고 보는 것이 정설이라고 보면 된다. 그리고 중국의 실크로드는 천산북로, 천산남로, 서역남로 등으로 세 갈래의 길이 있다.

필자는 실크로드를 완주하기 위해 전국에서 참여한 8명으로 구성된 회원들과 2024년 4월 5일 인천에서 서안으로 향했다. 서안에 도착한 우리 일행들은 한(漢)나라의 성세를 이끈 황제인 한경제의 무덤인 한양릉과 박물관 등

맥적산 석굴(출처 : 현지 여행안내서)

을 관람하고, 맥적산 석굴을 관람하기 위해 고속열차 편으로 천수남역으로 이동했다.

맥적산(麥積山)석굴은 감숙성, 천수원 현성 동남쪽 45km 지점에 있는 불교 석굴 사원들로 1952년에 발견되었다. 높이가 142m인 맥적산은 산의 모양이 보리 짚단처럼 생겨 맥적산이라고 불리게 되었으며 동굴의 숫자가 194개에 이른다.

맥적산 석굴은 돈황의 막고석굴과 낙양의 용문석굴, 산서성의 운강석굴과 더불어 중국의 4대 석굴 중의 하나로 불리고 있다.

진나라 때부터 시작하여 당 · 송 · 원 · 명 · 청대에 걸쳐 연이어 다양한 석굴과 소상, 부조, 벽화가 조성되었으며, 중국에 불교가 유입된 후 남북조 시대부터 집중적으로 불교 문화를 조성한 것으로 평가받고 있다. 현재는 문화재 보호 차원에서 석굴은 절반 정도만 공개하고 있으며, 나머지는 폐쇄하거나 방충망을 쳐서 관광객들의 접근을 막고 있다.

깎아지른 절벽에 조성된 맥적산 석굴은 매우 웅장하고 예술성이 뛰어나 불교 예술의 정수를 느낄 수 있는 곳이라고 할 수 있다. 석각 보존이 가장 완벽하게 이루어진 맥적산석굴을 관광하기 위해서는 왕복으로 전동 카를 타고 이동해야 한다.

맥적산 석굴 부처님

일정을 마무리한 우리 일행들은 고속열차를 타고 난주 서역으로 이동 후 다시 전용 차량편으로 영정으로 이동해서 석식 후 호텔로 향했다.

다음 날 조식 후 유가협댐에서 보트를 타고 황하석림을 조망하면서 병령사석굴로 이동했다. 황하석림은 감숙성 백은시 경태현 동남부에 위치하고 있으며, 중국에서 가장 큰 댐인 유가협댐 공사로 인해(15년간 공사) 실크로드는 수몰되었기 때문에 교통수단은 보트를 타고 이동해야 한다. 이 황하석림은 210만 년 전 신생대 제4기에 형성된 지역으로 광활한 면적이 지구의

황하석림

지각 변동과 풍화작용에 의해 침식작용을 거쳐 모래와 역암으로 구성된 지질공원이다. 보트를 타고 바라보는 순간 '야!' 하는 함성과 함께 시야는 황홀해지기 시작했다.

병령사석굴은 감숙성 임하회족자치주 염정현 서남쪽 소적산에 위치하며, 국가 5A급 풍경구로 지정된 불교 석굴군이다.

유구한 역사를 지니고 있는 병령사는 자고로 불교의 성지이기도 하며, 또한 도교의 성지이기도 하다. 1,600여 년 전 서진 시대부터 불교 문화가 조성되었으며 티베트어로 십만불주라는 의미가 있다. 병령사석굴은 상 · 하와 동굴 등 3개 부분으로 구성되어 있으며 동굴이 212개, 석각 상이 694조, 벽화

병령사석굴

부분이 무려 1,500m^{2}에 이른다. 석각 상을 위주로 하여 중원의 석각 문화의 중요한 위치를 차지하고 있으며, 병령사석굴의 상징적 불상인 대불좌상은 높이가 27m이다. 당나라 때 조성된 이 좌상은 너무나 많이 손상되어 얼마 전에 보수 작업을 마쳤다고 하며, 불교 신자들은 대불 앞에서 공손히 부처님께 예불을 올리기도 한다.

대불좌상

유목민족의 불교 문화를 볼 수 있는 병령사석굴을 둘러본 우리 일행들은 또다시 난주열차역으로 이동, 고속열차 편으로 장액에 도착해서 석식 후 호텔로 이동했다.

다음날 중국 7대 단하지모의 하나인 장액단하지질공원인 칠채산으로 향했다.

칠채산은 중생대부터 신생대 3기에 이르기까지 퇴적된 암석이 융기된 후 풍화와 침식 그리고 퇴적작용을 거쳐서 자연스럽게 형성된 풍경인데 실제로 가보면 이곳이 과연 중국인가 싶을 정도로 신기하다.

감숙성 장액시에 자리한 칠채산은 도심에서 30~40분 정도 차로 이동하

칠채산(출처 : 현지 엽서)

면 현지에 도착할 수 있다. 산의 이름도 일곱 가지 색상을 띤다고 해서 칠채산이라고 한다. 그 특이함을 이유로 유네스코가 지정한 세계문화유산인 이 산의 흰색 부분은 모두가 소금으로 이루어진 지역이다. 그로 인하여 칠채산 지역은 모두가 과거에는 바다였을 것이라는 것을 증명해 주고 있다. 그래서 중국의 378개의 단하지모 중 칠채산이 가장 아름답고 수려하다고 정평이 나 있다.

칠채산은 관광지역을 네 개 지역으로 구분해서 전망대를 설치하여 관광객들의 편의를 제공한다. 전망대에 올라가면 칠채산의 전경을 한눈에 바라볼 수 있다. 전동차를 타고 네 개 구역을 모두 다 들러보려면 약 2시간 정도의 시간이 소요된다. 날씨가 흐리거나 일출과 일몰 시에는 햇볕이 반사되어 색상이 더욱 진하게 나타나므로 칠채산의 정말로 아름다운 정경을 감상할 수 있다고 한다.

칠채산 관광을 마무리한 우리 일행들은 만리장성의 끝 지점이고, 중원 땅의 끝점으로 알려진 가욕관으로 향했다.

가욕관(嘉欲關)은 1372년 명나라 시절에 축성한 것으로 만리장성 성문 중 가장 보존이 완벽한 성문이라고 한다. 만리장성 최동단 북경 인근에 있는 산해관은 천하 제일관이라고 부르지만, 난주에서 서북쪽으로 마지막 끝자락에 있는 가욕관은 천하제일 웅관이라고 한다. 그리고 가욕관은 하서회랑 북쪽으로 마지막 지역의 좁은 땅에 위치해 있으며 남북으로 만리장성과 연결되어 있다. 가욕관의 둘레는 733m이고, 높이는 11m의 성벽으로 둘러싸여 있

가욕관 전경(출처 : 현지 여행안내서)

으며, 성 내부의 면적은 33,500m^2이다. 동쪽의 성문은 광화문(光化門)이고, 서쪽의 성문은 유원문(柔遠門)이다. 그리고 서문에는 가욕관이라는 편액이 걸려 있다. 명나라 때는 서문을 지나면 중국이 아닌 소수민족이 사는 서역 지역으로, 서문과 만리장성이 연결된 지역은 국경선으로 이어진다. 그러나 한나라 때의 옥문관과 당나라 때의

서문

양관은 이보다 더 서쪽에 위치해 있다. 고로 한나라와 당나라 때는 명나라 때보다 국토가 더욱 넓었다는 것을 증명한다.

성문 입구에는 중국의 무신인 관우 장군상이 있는 관제묘가 있으며 전쟁터에 나가기 전 관제묘에 예를 표하고 전쟁에서 승리를 기원하고 염원하는 장소이기도 하다. 그리고 성문을 통과하면 문창각(文昌閣)이 오른쪽으로 나오는데 이는 명나라 국경을 지키는 관료들의 사무실이기도 하다.

그리고 좌측 공연장은 그 당시 노역만 시켜서 삶의 의욕이 없는 백성들에게 희망과 용기와 기쁨을 주기 위해 재미있는 프로그램으로 공연을 관람할 수 있게 한 장소라고 한다. 그리고 가욕관이 지금까지 640년이라는 세월을 온전하게 버티고 있는 이유는 질 좋은 향토를 햇볕에 말려서 접착력이 좋은 찹쌀가루를 섞어서 반죽을 하여 축성하였다고 한다. 그리고 성벽 끝자락에는 벽돌 한 장이 고스란히 자리 잡고 있다. 다름이 아니고 이 벽돌은 가욕관 건설에 앞서 벽돌공이 가욕관 설계자에게 "벽돌이 몇 개 정도 필요합니까?" 라고 물으니 설계자가 하는 말이 999,999개가 필요하다고 하였다. 벽돌공은 여분으로 한 개 더 만들

찹쌀가루 성벽

가욕관 최상루에서 바라본 기련산 설산

어 100만 개의 벽돌을 만들었다고 한다. 그 후 가욕관 공사가 완성단계에 이르니 정확하게 벽돌 한 개가 남았다고 한다. 그래서 기념으로 보관을 하고 관광객들에게 보여주고 있다고 한다. 이 이야기는 진실인지, 전설인지, 가이드의 장난인지, 아무리 생각해도 분간할 수가 없다. 그리고 또 하나 가욕관 입구 모서리에 바위가 하나 있고 그 위에 망치가 하나 놓여 있다. 망치로 돌을 두드리면 까치 우는 소리가 짹짹하며 난다. 이곳 망루 위에는 아침이면 까치가 많이 찾아온다고 한다. 우리나라 속담에 아침에 까치가 울면 반가운 손님이 온다는 역할을 대변하는 것으로 간주된다. 가이드가 중국인이 서역을 가려면 반드시 이 가욕관을 통과해야 한다는 말 한마디에 필자는 갑자기 욕심이 발동하여 가욕관 최상 누에 올라가 가욕관 정경을 사방팔방으로 두루 살펴보고 박물관으로 향했다. 박물관에 도착하니 16시 30분이다. 박물관 직원이 문을 닫고 있다. 양해를 구하여도 방법이 없다고 한다. 그래서 발길을 돌리는 수밖에 없었다.

명사산(鳴沙山)은 감숙성 돈황시 남쪽에 위치하며, 총면적은 76.82km²이고, 크기는 동서로 40km, 남북으로는 20km이며, 해발고도는 1,715m이다. 명사산은 산언덕의 모래들이 바람에 굴러다니는 소리가 마치 울음소리 같다는 데에 비롯하여 지어진 이름이다. 지금의 명사산은 실크로드의 관광명소 가운데 한 곳으로 관광객들은 모래 썰매를 즐겨 타거나 산 정상에 올라가서 사막 지역 대자연의 정경을 바라보는 일정으로 소화를 시키고 있다. 그리고

명사산

명사산(출처 : 현지 여행안내서)

명사산(출처 : 현지 여행안내서)

특히 이곳 명사산은 낙타체험으로 유명하다. 낙타주인들은 한 곳에 100여 마리 이상을 집중적으로 유치해 두고 있는데 낙타주인들은 자기 소유의 낙타들을 다섯 마리, 일곱 마리, 열 마리, 열다섯 마리 등을 관리하고 있다. 단체 관광객들의 인원 숫자에 따라 관광객이 7명이면 낙타 일곱 마리 소유자에게 짝을 맞추어주고, 관광객이 10명이면 낙타 열 마리 소유자에게 짝을 맞추어 일행 모두가 한 집 식구처럼 낙타체험을 하게 한다. 낙타주인은 안전을 위하여 선두 낙타의 고삐를 잡고 명사산 일대를 한 시간에 걸쳐 인솔하고 제자리로 돌아온다. 우리 일행들 모두가 낙타 주인에게 3달러씩 팁을 지불하니 위치를 골라서 인증사진을 찍어주기도 한다.

명사산 월아천

월아천(출처 : 현지 여행안내서)

월아천(오아시스)

낙타체험을 마치고 우리 일행들은 바로 이웃에 있는 월아천(月牙泉)으로 이동했다. 월아천은 동서의 길이가 232m 정도의 반달 모양의 오아시스로 수 천 년 동안 한 번도 물이 마르지 않았으며 거대한 명사산의 모래바람에도 수 천년의 세월을 견디고 있는 셈이다. 월하천 이름도 모양이 마치 초승달과 같이 생겨 월아천이라는 이름을 얻었다고 한다. 지금은 사막의 지형과 기후 변화로 인해 가끔 이웃에 있는 물을 카레즈를 이용해서 보충하고 있다고 한다.

돈황의 막고굴은 하서회랑의 서북쪽 끝인 돈황에 위치하며 십육국 시대부터 원나라 시대에 걸쳐 1,000여 년 세월 동안 세워지고 만들어진 동굴군으

막고굴 9층탑(출처 : 현지 여행안내서)

로 유물이 많이 모여 있는 불교 유적이다. 재원으로는 동굴 735개, 벽화 총 연장 길이가 45km, 각종 불상이 2,400여 좌가 있는 거대한 유적으로, 세계에서 현존하는 유적으로는 세계에서 규모가 제일 크고 유물도 가장 많은 불교 미술 유적지이다.

막고굴석굴은 운강석굴, 용문석굴, 맥적산석굴과 함께 중국의 대표적인 4대 석굴사원으로 그중에서도 단연 손꼽히는 최대 사원이다.

1961년에 중국 국무원에 의해 전국 중점문물 보호 단위에 지정되었고, 1987년에는 유네스코 세계문화유산에 등록되었다.

우리 일행들은 선택된 가이드(한국어가 가능한 가이드)에 의해서 한국인들이 주로 많이 관람하는 막고굴 10여 개를 선정하여 가이드가 직접 자물쇠를

전면에서 바라본 막고굴

열고 들어가 한국어로 굴의 내용을 설명하고, 나올 때는 자물쇠를 잠그고 이동하는 식으로 한 시간 정도로 관람에 임했다. 돈황에 막고굴이 대한민국인들에게 유명해진 이유는 신라국의 혜초 스님이 인도를 다녀오면서 돈황에서 집필한 《왕오천축국전》이 발견됨으로 해서 세상에 널리 알려졌다. 그중에서 장경동(臟經洞)이라 불리는 제17 굴은 당나라 불교 미술의 걸작품만 보관하던 곳인데 이곳에서 《왕오천축국전》이 발견되었다.

1907년 영국인 아우렐 스타인(Aurel Stein)이 이곳 관리자에게 소액의 기부금을 주고 약 7,000여 점을 대영박물관으로 가져갔으며, 2차로 1908년 베트남에 있던 프랑스인 폴 펠리오(중국어를 구사하고 한자를 아는 사람)가 중요한 문화재만 골라서 7,000여 점 이상을 프랑스로 유출하게 되었다. 이때

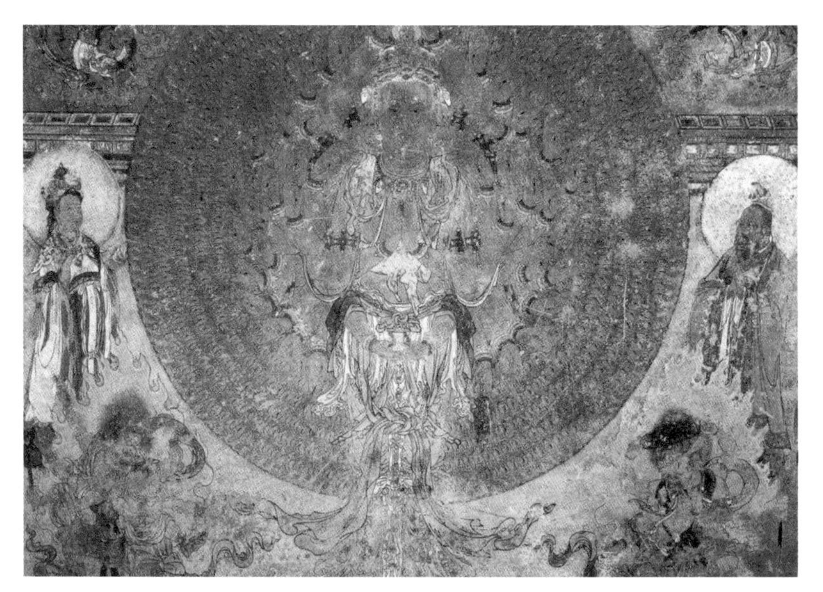

막고굴 천수관음보살상(막고굴은 사진촬영을 금지한다) (출처 : 현지 여행안내서)

《왕오천축국전》도 함께 유출되었으며 지금도 《왕오천축국전》은 프랑스에 남아있는 것으로 알고 있다.

우리 일행들은 막고굴을 둘러본 후 전용 차량으로 유원역으로 이동해서 고속열차를 이용, 선선으로 이동했다.

선선에서는 오전 6시에 기상을 해서 세계에서 도심과 가장 가까운 사막인 쿠무타크사막으로 이동, 쿼드바이킹(사막 지프)을 타고 높고 낮은 굴곡이 많은 사막을 곡예 운전하듯 사막을 누비면서 사막 일출을 감상하고 조식 후 투루판으로 이동했다.

그리고 한나라로부터 원나라까지 유지했던 고대 고창 왕국의 유적인 고창

고창고성

고성으로 향했다. 고창고성 입구에는 현장법사의 동상이 우리를 기다리고 있다. 왕궁에는 서기 630년 현장법사가 국 씨 왕의 간청으로 한 달간 머물면서 설법을 했다고 한다. 고창 국왕 국문태는 현장법사를 고창국에 머물도록 압박을 가했고, 이에 현장 스님은 3일간 단식으로 자신의 결심을 굽히지 않았다. 현장법사가 인도에 다녀와서 귀국해 보니 국왕은 이승의 사람이 아니었다고 한다.

현장법사

우리 일행들은 전동차를 타고 고창고성을 두루 살펴보며 폐허만이 남은 이곳을 보는 순간, 필자는 "황성 옛터에 밤이 되니 월색만 고요해라."라는 노래를 한 곡조 부르고 나서, 《서유기》로 유명한 불타는 산이라는 화염산으로 이동했다. 화염산계곡에는 손오공 영화세트장이 있으며 《서유기》에 등장하는 삼장법사, 손오공, 저팔계 등의 동상이 입구에서 관광객을 맞이하고 있다.

화염산을 배경으로 하는 손오공 일행들

산기슭 하단부에는 막고굴과 마찬가지로 인위적으로 석굴을 파서 불상을 안치하고 벽화를 그린 베제클리크 천불동이 자리 잡고 있다. 이곳은 탐험가들이 벽화를 뜯어내 가기도 하고 회교도들의 파괴로 지금은 많이 훼손된 석불과 벽화만이 남아있다.

카레즈란 페르시아어로 우물과 지하수로를 상호 연결해 놓은 일종의 인수(引水) 관개 시설이다. 카레즈는 주로 신강 동부에 많이 있으며 2,000년이라는 역사를 가지고 있다. 구조는 네 부분으로 이어져 있는데 수직으로 파 내려간 우물인 수정(垂井), 우물과 우물을 잇는 지하 물길인 암거(暗渠), 하구로 내려가면서 땅 위로 지나가는 명거(明渠) 그리고 물길의 종점에서 물을 저장하고 배수하는 시설인 노파가 있다.

천산에서 투루판으로 이어지는 카레즈는 만리장성, 경항대운하(북경에서 항주)와 함께 중국의 고대 3대 토목공정으로 유명하다. 이곳 신강 지역은 천산 정상에서 눈 녹은 물을 30~40km의 거리인 투루판을 비롯하여 신강위구루 각 지역을 30~40m 간격으로 우물을 파서 수도로 연결하는 카레즈의 수는 무려 1,000개 이상이나 된다고 한다. 4~5명이 한 조가 되어 30~40m의 한 구간을 작업하는 데는 적게는 5~6개월, 많게는 4~5년이 걸린다고 한다. 그로 인하여 신강 지역 주민들은 조상들의 피나는 노력 덕분으로 식수, 생활용수, 농업용수 등을 항상 신선하고 깨끗한 물로 이용할 수가 있다. 그리고 카레즈박물관 입구에는 카레즈 건설공사에 사용하던 굴착기를 비롯한 각종

배제클리크 천불동(출처 : 현지 여행안내서)

도구와 연장들을 차례로 전시해 놓았다. 땅굴로 들어가면 카레즈 실물을 이용해서 땅굴을 파기 위해 인부가 오르고 내리는 땅굴과 지하 수로에 맑고 푸른 물이 출렁거리며 흘러가는 현존 관계시설들을 정비하여 관광객들이 현장답사를 할 수 있게 항상 개방하고 있다.

투루판 전 지역은 포도 농산물이 대세를 이룬다. 다른 농작물은 눈을 뜨고 찾아보아도 볼 수 없다. 이 모두가 카레즈를 이용하여 영농을 하고 있다. 그로 인해 1지역, 2지역 등으로 협동농장을 운영하고 있으며, 가이드가 4지역 협동농장으로 안내를 한다. 4지역 협동농장 대표(여성)는 우리가 도착하자마자 자리를 마련해주고 음악에 맞추어 우리 일행들에게 신강의 전통춤을 선사한다. 그리고 각종 건포도를 종류별로 설명하고

땅위로 지나가는 수로(명거)

협동농장 대표

교하고성

금액을 제시하며 영업을 시작한다. 우리 일행들은 모두가 8명이지만 그중 5명이 건포도를 사고 교하국의 유적인 교하고성으로 향했다.

교하고성은 생흙 건축으로 세계적으로 제일 크고 가장 유구한 역사를 지니고 있는 유적이지만 세월 앞에 이기는 장사가 없듯이 많이 허물어져 폐허가 되었다. 하지만 당국에서 보수를 하지 않고 그 옛날 그대로 남아있다. 그리고 자연적으로 해자(垓子)가 조성되어 풍수지리상으로 천혜의 요새라고 보여진다. 서쪽과 북쪽은 해자가 깊고, 동쪽과 남쪽은 해자가 얕다. 그래서 4대 문을 두지 않고 동문과 남문을 두어 성문을 개방하고 있다. 더운 날씨이지만 교하고성 전체를 두루 살펴보고 남문을 나오니 관광객들의 편의를 제공하기 위

풍력발전소

해 각종 음식물과 기념품 가게들이 우리를 기다리고 있다. 갈증을 해소하기 위해 아이스크림과 수박을 사서 일행들과 함께 나누어 먹었다. 그리고 교하 고성은 두 개의 하류가 서로 만나는 벼랑에 위치해 있기 때문에 교하(交河)라고 이름을 지었다고 한다.

오늘은 투루판에서 풍력 발전소와 염호를 차창으로 관광하면서 우루무치로 이동했다. 풍력 발전기는 고속도로의 좌우로 100km 이상 되는 거리에 집중적으로 많은 양이 산재해 있다. 너무나 많은 양으로 인해 차창 관광이 부담스러웠다. 그리고 왼쪽에 뿌연 연기가 바람에 날려가기에 저것이 무엇이냐고 가이드에게 물어보니 소금이라고 한다. 그리고 이곳 소금 호수는 세계에

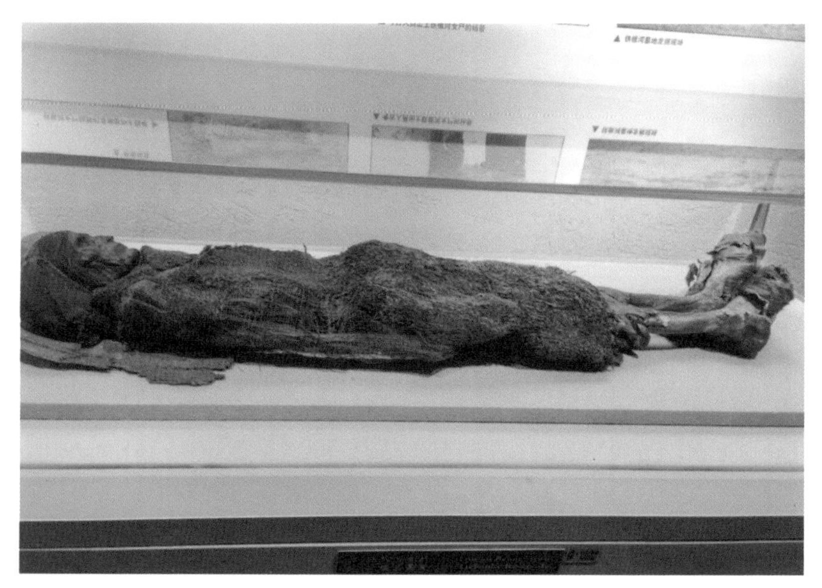

왕비 마마의 미라

서 제일 지표가 낮은 이스라엘의 사해 다음으로 낮은 곳이라 한다. 그래서 일조량이 많고 온도가 높아 포도 농사에 최적의 장소란다.

우루무치박물관에는 유물도 많이 있지만, 그중에 특이한 것은 남녀노소의 미라가 많이 전시되어 있다. 그들 가운데 왕비 마마의 미라도 있어 관광객들의 눈길을 사로잡는다.

오후에는 위구르족의 전통시장인 국제 바자르를 방문했다.

포도는 투루판에서 생산하지만, 판매는 이곳에서 이루어지는 것 같다. 골목마다 건포도 가게가 시장통을 가득 메우고 있다. 그 숫자가 의류 · 채소 · 생선 · 기념품 가게들보다도 상당히 많으며 종류도 다양하다. 이 골목 저 골목을 기웃거리며 헤매다가 마음에 드는 기념품을 하나 발견하여 가게 주인이

오늘날 우루무치 시내 전경, 인구 300만 명(출처 : 현지 여행안내서)

150달러를 요구하는 것을 흥정해서 100달러를 지불하고 가슴에 안고 호텔로 이동했다.

위구르족 전통시장

다음날 서역의 성지인 천산 위의 아름다운 호수인 천산천지를 구경하기 위해 가는 길을 서둘렀다. 그러나 입구에 도착하니 정문이 굳게 닫혀 있다. 어제저녁에 눈이 많이 내려서 전동차가 올라갈 수가 없어

천산의 천지(출처 : 현지 여행안내서)

당국에서 제설 작업을 하고 있다고 한다. 관계자는 12시(정오)는 지나야 입장할 수 있다고 한다. 우리 일행들은 12시에 귀국하기 위해 공항으로 이동해야 한다. 천산천지에서 뱃놀이로 마지막을 기분 좋게 장식하려고 했는데 모두가 수포로 돌아갔다.

천산천지와 다시 온다간다는 기약 없는 약속을 하고 천산의 만년설을 뒤로하고 귀국길로 향했다.

실크로드 남로(Silk Road The Southway)

이번 여행은 실크로드(Silk Road)의 천산 남로를 방문하기 위해 2024년

10월 9일 인천에서 중국 제남을 경유해서 중국의 최서단 지역인 카스(Kashgar, 카스가르)로 향했다. 카스는 동경 76° 6′ 47″의 천산산맥 주변 타클라마칸 사막의 서부에 있으며, 대부분 주민은 이슬람교도인 위구르족이다.

우리 일행들은 제일 먼저 신강 최대의 이슬람사원인 청진사에 도착했다.

청진사는 중국 서부지역 4대 사찰 중의 하나로 위구르족의 기품을 가지고 있으며, 면적은 16,800m^2로 약 10만여 명을 동시에 수용할 수 있는 신강 최대의 사찰이다. 청진사를 두루 살펴보고 다음으로 이동한 곳은 향비 묘역이다. 향비는 위구르 왕(아리화탁왕)의 둘째 딸로 함향 공주이다.

어린 시절부터 미모와 춤 실력이 뛰어나서 춤을 출 때는 몸에서 신묘한 향기를 풍겨서 그녀의 주변에는 나비가 날아다녔다고 한다. 그러나 그녀는 위

건륭황제와 향비의 기마상

향비 묘원

구르 무사 용단이라는 청년과 눈이 맞아 왕궁을 자주 이탈해서 아버지의 속을 썩이기도 했다. 그 후 1759년 청나라 군사들이 위구르를 정복해서 위구르는 청나라에 복속이 되었다. 위구르 왕은 청나라와 화친조약을 맺기 위해 향비를 대동하고 청나라 수도 북경으로 향했다.

청나라 건륭황제는 첫눈에 향비에게 반했다. 그래서 황제는 향비를 자기의 첩실로 맞이할 것을 제시하여 향비는 건륭황제의 향비로 봉해지면서 보월루라는 별궁을 하사받았다.

그러나 이 두 사람의 사랑은 진실과 가설이 여러 가지로 난무하다. 현지 가이드의 설명과 역사를 요약해 보면 향비는 첫 남자 용단을 항상 그리워했고, 건륭황제는 향비를 총애하며 온갖 정성을 다 쏟았다.

향비 묘지(좌에서 세번째)

백성들의 공동묘지

그러다 어느 날 황제는 강제로 향비를 범하려다 향비로부터 몸에 손자국을 남기게 된다.

이 사실이 대비와 황후의 귀에 들어가고부터 향비는 찬밥 신세가 되고 결국에 향비는 사약으로 생을 마감한다. 그리고 향비의 시체는 3년에 걸쳐 북경에서 카스까지 위구르족에 의해 이송되어 이곳에 안치되어 있다. 그래서 향비는 위구르족에게 프랑스의 잔 다르크, 대한민국의 유관순 이상으로 대접을 받는다. 이를 증명이라도 하듯이 향비 묘역 이웃에는 대형 공동묘지가 조성되어 있으며, 위구르족들은 모두가 죽어서 향비 묘역 가까운 이웃에 묻히기를 원한다고 한다.

오늘은 카스에서 6시간을 이용해서 파미르고원으로 향했다. 파미르고원은 고대 실크로드의 길을 경유하는 곳으로 중국의 최서단에 위치하며, 세계의 지붕이라고 불린다. 해발 평균 높이가 4,000~ 7,700m에 이르며 천산, 카라코람, 곤륜산, 티베트고원, 히말라야 등의 산맥이 힌두쿠시까지 모여서 이루어진 고원이다.

좌우로 만년 설산이 가득한 이곳에는 파미르고원의 경치를 반영하듯이 백사산(흰 모래 산)과 에메랄드색으로 펼쳐지는 백사호수는 지구상의 그 어느 곳이라도 비교를 거부할 정도로 아름답다.

바라보는 순간 '야!', '야!' 하는 합성과 더불어 일행들은 너도나도 할 것 없이 모두가 카메라를 들고 호숫가로 향한다.

카라쿨호수 산장은 마치 천상의 그림처럼 펼쳐진 자연의 걸작이다. 이곳은 해발 3,600m에 위치해 있으며, 맑고 깨끗한 공기와 눈부신 풍경을 제공한

백사산과 백사호수

다. 특히 카라쿨호수는 주변의 '설산과 투명한 물빛이 어우러져 환상적인 뷰를 자랑한다. 여행객들은 이곳에서 하이킹, 캠핑 그리고 사진 촬영 등을 즐기며 자연을 만끽한다. 그리고 호수 정면에는 '빙산의 아버지'라 불리는 무스타크봉이 자리 잡고 있다.

카라쿨호수는 사계절 내내 다양한 매력을 선사한다. 봄과 여름에는 야생화가 만발하고, 가을에는 단풍이 호수 주변을 물들이고, 겨울에는 눈 덮인 경관이 매력적인 시선을 더한다. 그러나 3,600m의 고원지대로 인해 심신이 약한 노약자에게는 산소가 부족해서 고산증세가 발병하여 가슴이 두근거리고 두통이 올 수가 있어, 가는 곳마다 산소통을 판매하고 있다.

탁스쿠르칸은 고대 실크로드의 남쪽과 중앙통로의 중요한 역참으로 이곳을 통해 남아시아, 서아시아 등지로 이동할 수 있으며 중국에서 유일하게 여러 국가와 인접한 내륙 변경으로서 파키스탄, 아프가니스탄, 타지키스탄과 국경을 접하고 있다. 이들 나라를 가기 위해 천산을 넘어가기 위한 마지막 길목이 바로 탁스쿠르칸이다.

파미르고원 실크로드의 길목에 있는 석두성(石头城)은 14세기 차키타이 칸국의 지배하에 몽골인들이 건설한 고성이다. 석두성은 그 옛날 이곳에 있던 포리국의 성터이며, 돌로 쌓은 성벽은 외성과 내성으로 구분되어 있다. 외성의 길이는 3,600m이고, 내성의 길이는 1,300m이다.

입구에는 소규모 박물관을 비롯해서 정문을 화려하게 장식해 놓았지만, 내성에는 과거와 오늘을 그대로 내버려 둬서 살아남은 벽체와 성터만이 말없이 관광객들을 맞이하고 있다. 그리고 석두성 아래 습지 공원에는 옛 실크로드의 길을 재현해 놓아서 우리 일행들은 모두가 과거를 연상하며 옛 실크로드를 체험하고 감상하면서 일과를 마무리하고 숙소로 향했다.

쿠차국은 오늘날 쿠차현에 위치하던 도시국가이다. 인도, 페르시아제국, 박트리아 등 실크로드 교역국들과의 갈림길이었다.

한나라 역사에 따르면 쿠차는 현재 위구르 자치구 지역에 존재하며 사막이기 때문에 인구가 항상 희박하여 4만 명 정도였다고 전해진다. 쿠차는 원래 토하라인들이 살았으나 인도의 영향을 크게 받아 인도화되었고 이후 대부분의 토하라인들이 인도 북부로 이주하고 나서 튀르크인들이 들어와 살게 되었다. 얼마 안 가 토번에 의해 공격을 당하면서 토번의 영토가 되었다. 그로 인하여 당나라는 실크로드를 통한 서역과의 무역이 불가능해졌다.

쿠차는 실크로드에서 서역 남로의 중심지로서 그 역할을 담당했다. 신라국의 고승 혜초스님도 이곳을 지나가면서 기록을 남겼다. 사차 왕릉은 사차현

석두성

옛 비단길 습지공원

사차 왕릉

에 위치하며 야르칸드 칸국 시기에 조성한 왕릉이다. 크게는 왕과 왕비릉이 조성되어 있고, 주변에는 여러 왕족과 대신들의 묘가 벽돌과 시멘트로 조성되어 있다.

사차 왕국은 명나라 때 신강에 건립한 이슬람교의 지방 정권이며, 왕릉의 면적은 1,050m²이다. 이곳은 왕실 구성원들이 묻힌 곳으로 왕위계승, 군왕 장례, 위구르 건축예술 등의 연구에 중요한 가치가 있어 중국 중점 문물 보호 단위로 선정되었다.

호탄시는 신강 지역 자치구 호탄지구의 수도이다. 오아시스의 도시 호탄은 중국인에게는 허텐으로 알려져 있으며 곤륜산맥 북쪽의 타림분지에 있다. 이곳은 야르칸드의 남동쪽에 위치한 작은 농업의 중심 도시이며 주로 위구르인

사차 왕비릉

들이 거주한다.

역사적인 비단길 남로에 위치한 호탄은 두 개의 강 카라카슈강과 유룽카슈강에 크게 의존하며 광대한 타클라마칸 사막의 남서 가장자리에서 생존하기 위해 필요한 물을 두 개의 강에서 제공받는다.

과거에는 우전국으로 불렸으며 중국 최초로 불교를 받아들인 도시이다. 오아시스의 도시 호탄은 중국과 서방을 잇는 비단길로 중국과 인도, 티베트, 중앙아시아를 잇는 주요 도로이며 전략적인 요충지였다.

호탄의 박물관은 호탄시에 위치하며, 총면적은 1만 3천m^2에 달하는 종합 박물관이다. 관내에 소장한 문물은 9,553개로, 월요일에는 폐관하며 국가 3급 박물관으로 지정되어 있다.

백옥강은 곤륜산맥에서 흘러내리며 총길이가 504km에 이른다. 백옥강은 호탄 백옥의 원산지이며 백옥, 청옥, 황옥 그리고 진기한 양지옥 등으로 총 36가지의 옥이 생산된다. 매년 홍수가 지나간 뒤에는 옥을 캐러 오는 이들이 강가에 널려 있다. 우리 일행들도 진기한 백옥을 캐기 위해 2시간 동안 백옥강에 뿔뿔이 흩어져 헤매었지만 아무도 백옥은커녕 돌멩이만 만지작거리다가 일정을 마무리했다.

타클라마칸 사막은 신강 타림분지에 위치하며 중국에서 가장 큰 사막이다. 면적은 약 33만 km^2에 달하고 세계 제2의 유동 사막으로 불린다. 우리 일행들은 하루 일정으로 타클라마칸 사막 제2의 길을 선택하여 사막 횡단 체험을 하기로 했다.

소요시간은 7시간, 오아시스에서 점심 식사 1시간 등으로 총 8시간 동안 척박한 고비사막 횡단을 무리 없이 마무리했다.

여정에 화장실이라고는 찾아볼 수가 없어 일행 모두가 사막의 언덕이나 죽지 못해 살아있는 나무 그늘에서 소변을 자연 방사하는 것 등은 잊지 못할 추억으로 남아 있다.

키질천불동은 키질석굴이라고도 한다. 조성된 연도는 돈황의 막고굴보다 300여 년이 앞선다. 면적은 약 1만 m^2에 이르고, 동굴은 무려 236개나 된다.

과거의 찬란했던 불교 문화를 잘 보여주는 타클라마칸의 보물 키질 천불동은 3세기경 중국 최초로 조성된 불교 석굴로 간다라 미술과 중국 남방불교의 영향을 받아 석굴 내의 벽화들이 유명하다. 제2의 막고굴로 불리는 키질석굴은 세계 문화유산에 등록되어 있다.

키질석굴

그러나 독일의 지리학자 페르디난트 폰 리히트호펜을 비롯해서 인도 · 파키스탄 · 아프가니스탄 · 타지키스탄인들이 벽화를 뜯어내어 자기들 나라로 가져갔으며, 특히 금박으로 된 벽화는 하나도 남김없이 어디론가 사라지고 없다. 그러나 뜯어낸 흔적은 지금까지도 고스란히 남아 있다. 그리고 10호 굴에는 중국의 연변 용정에 있는 조선족 화가인 한낙연이 키질석굴의 벽화를 모두 그림으로 남겨서 역사적인 가치를 인정하여 중국 당국에서 보물로 중점 관리하고 있다.

그리고 키질석굴 입구에는 현장, 법현과 더불어 중국의 3대 역경 스님으로 추앙받는 구마라집의 청동 좌상이 관광객들을 맞이하고 있다.

구마라집 스님은 이곳이 자기가 태어난 고향이며 인도의 귀족을 아버지로 두고 쿠차왕국의 공주를 어머니로 두었다.

그 옛날 명문가의 자손으로 일찍이 범어로 된 불경을 한문으로 번역하는

데 매진하여 불경인 반야심경, 금강경, 법화경 등 35부 294번역본을 책으로 남겼다. 열반에 들어가기 전 스님은 내가 번역한 불경이 하나도 틀린 것이 없다며 화장 후에 내 혀가 입증할 것이라고 했다. 다비식이 끝난 후 혀는 타지 않았고 진신사리로 남아 있어 세인들을 놀라게 한 일화가 있다. 그리고 사리는 지금도 중국 당국에서 중점 관리하고 있다.

구마라집 청동좌상

쿠차의 천산 신비 대협곡인 국립지질공원은 쿠차 시내에서 북쪽으로 약 70km의 거리에 위치하고 있으며, 천산의 비경으로 현재 국내외 관광객이 많이 모이고 있으며 고대 실크로드의 황금 노선이다. 수십억 년 전 대륙의 이동과 지각변동으로 인해 지구의 심장이 솟구쳐 다양한 형상과 홍갈색으로 거대한 협곡이 조성된 것이라고 한다. 그래서 현지인들은 '중국의 그랜드 캐니언(Grand Canyon)'이라고 부른다.

그리고 천산산맥의 가장 아름다운 풍경으로 인해 자연이 만들어낸 기적이라고 표현하기도 한다. 해발 평균 높이는 1,500~1,600m이며, 최고봉은 2,048m에 이른다. 주차장에서 협곡을 거슬러 서서히 올라가면 도중에 중국 당국에서 바리케이드(Barricade)를 설치해 더이상 진입할 수가 없다. 그

천산대협곡

러나 노약자들에게는 지금까지 걸어온 과정만으로도 충분한 거리라 예상이 된다. 그리고 주차장 입구에는 노약자들을 위해 전동차를 마련해 놓았고 더 나아가 낙타를 타고 협곡을 오가며 구경을 하고 감상하는 일정도 준비되어 있다.

요즘은 중국도 갑작스러운 경제 성장으로 인해 관광지는 가는 곳마다 중국인들이 일색이다. 이곳 역시 주차장에는 너무나 많은 차량이 몰려와서 이곳저곳을 찾아다녀야 하고 협곡마다 중국인들로 인해 인산인해를 이룬다.

미루어 짐작해 볼 때 중국의 최서단 변방 지역으로 인해 외국인은 우리 일행들밖에 없는 것 같다. 필자는 주차장에서 협곡의 총길이를 가늠할 수가 없어 갈 때는 옵션(Option)으로 전동차를 타고 가고, 올 때는 걸어서 구경과

실크로드 관문

촬영을 거듭하면서 일정을 마무리했다. 그리고 점심 식사는 식당가에 너무나 많은 관광객이 몰려와서 메뉴를 선택할 수가 없고 주는 대로 먹어야 하는 진풍경이 발생하고 있다.

수바시 고성은 신강 쿠차현에 있는 여인국의 유적지이며, 중국의 4대 명작인《서유기》에 나오는 여인국의 유적지이다.

현장법사의 대당서역기에는 쿠차국은 동서 천여 리, 남북. 육백여 리에 사찰이 많이 있고, 승려들이 운집하고 있으며, 향불이 흥성하여 2개월 정도 머무르면서 강경홍법을 가르쳤다고 전해지고 있다. 또한《서유기》에 나오는 삼장법사가 이곳을 지나가는 길에 머물러서 설법을 한 곳이라고 한다. 그로 인하여 유네스코(Unesco)는 세계 문화유산으로 지정하고 있다.

실크로드를 다녀간 유명 인사들의 동상

철문관은 신강위구르족 자치구 쿠얼리시 북쪽에 위치하며 천산남로 지역과 천산북로 지역을 가르는 요충지이며 중국 고대 26개의 명관 중의 하나이다.

서역 마지막 관문인 철문관은 현장법사의 대당서역기에도 기록이 남아 있으며, 장건이 서역을 갔을 때 이곳을 두 번이나 지나갔다는 기록도 남아 있다. 가파른 협곡에 출입구가 형성되어 있으며 천혜의 요충지로 고대 실크로드의 남북로를 가르는 중점 지역이다. 지금은 실크로드의 길을 폐쇄하고 출입을 금지하고 있다. 그러나 삼장법사 장건 등의 동상이 묵묵히 여행객들을 기다리고 있다.

버스텅호수는 아시아에서 제일 큰 내륙 호수로 위구르어로 '오아시스'라고

버스텅호수

한다.

동서로 55km, 남북으로 27km, 수역 면적이 1,646km²이다. 호수 주위에는 갈대가 무성하게 자라고 있으며 중국의 중요 갈대 생산지이기도 하다. 생태 환경이 양호하고 자연경관이 아름다워 육지 갈매기들이 관광객들을 반갑게 맞이하고 있다.

버스텅호수 갈대밭

우리 일행들은 유람선(보트)을 타고 갈대밭으로 이동해서 푸른 하늘 아래 갈대와 갈대 사이를 오가며 기념 촬영과 더불어 이번 여행 일정을 기분 좋게 마무리하고 숙소로 향했다.

Part 2.

동남아시아

Southeast Asia

(필리핀, 베트남, 라오스, 캄보디아, 태국, 미얀마, 말레이시아, 싱가포르, 브루나이, 인도네시아, 부탄, 방글라데시, 네팔)

필리핀 Philippines

필리핀(Philippines)은 남중국해 동쪽, 필리핀해 서쪽에 있으며 크고 작은 7,000여 개의 섬들로 이루어진 공화국이다. 환태평양 조산대에 위치하고 있어 화산이 많고 지진이 자주 일어난다.

기후는 열대우림 지역에 속하며 지역의 격차가 크고 열대 계절풍의 영향을 많이 받고 있다. 종족구성은 말레이계 인종이 90% 이상을 차지하며 그밖에 니그리토계, 모로계 등 소수 민족이 많은 국가이다.

종교는 대부분 가톨릭을 믿는다.

농업이 국가의 주산업으로 쌀, 옥수수, 사탕수수, 담배, 커피 등이 많이 재배되고 목재로는 나왕이 많이 생산된다. 지하자원은 석탄, 구리, 크롬, 납, 망간 등이 많이 생산되며, 근래에는 마닐라만 연안을 중심으로 방적, 약품, 자동차, 전기기기, 시멘트, 금속, 화학 등의 공업도 나날이 발달하고 있다.

필리핀은 16세기 초부터 300년 가까이 스페인의 식민지였으며, 1898년 미국과 스페인의 전쟁에서 스페인이 패하여 스페인은 파리강화 조약에 따라 미국에 2천만 달러를 넘겨받고 필리핀과 괌 등의 지상 지배권 일체를 양도했다.

그러나 제2차 세계대전 동안 필리핀은 일제 강점기로 인해 고난과 저항의 역사를 겪으면서 미군과 일본군의 전쟁터로 변하였다. 1945년 마닐라 전투에서 일본군이 패하므로 궁극적으로 해방을 의미하며, 1946년 필리핀은 미국으로부터 완전한 독립을 하였다.

국토 면적은 34만 3천448km^{2}이며, 수도는 마닐라(Manila)이다. 인구는 1억 1천733만 7,500명(2023년 기준)이고, 공용어는 타갈로그어와 영어이다. 종교는 가톨릭(83%), 개신교(9%), 이슬람(5%), 불교(2%) 순이다.

시차는 한국시각보다 1시간 늦다. 한국이 정오(12시)이면 필리핀은 오전 11시가 된다.

환율은 한화 1만 원이 필리핀 약 400페소 정도로 통용되며, 전압은 220V/60Hz를 사용하고 있다.

마닐라 외곽지 해변을 끼고 있는 리잘공원은 필리핀의 독립운동가인 동시에 의사, 소설가, 언론인 등으로 필리핀 국민들에게 독립의 영웅으로 추대받는 호세 리잘을 기념하기 위해 정부에서 조성해 놓은 공원이다. 그는 1861년 라구나주에서 태어나 일찍이 의사가 되기 위해 스페인으로 유학을 떠났으며, 귀국해서는 스페인식민지로부터 300년간 기나긴 세월 속에 독립운동가로 앞장섰다. 그로 인하여 35세의 젊은 나이에 스페인 군부에 의해 처형되었다.

잔디로 조성된 공원에는 누구나 출입을 할 수 있고, 나무 그늘에는 자리를

리잘공원

깔아 놓고 휴식을 취할 수도 있다. 그리고 공원 내에는 호세 리잘의 동상이 세워져 있으며, 주변에는 호세 리잘과 관련된 야외 전시관이 있어 필리핀 국민에게 많은 사랑을 받는 호세 리잘공원이다.

마닐라는 루손섬에 있는 필리핀의 수도이며, 이 나라 최대의 도시이다. 그리고 마닐라는 여행의 목적지이기보다 단순히 다른 섬 지역 관광지나 휴양지의 관문이자 경유지로 세계 여러 나라 여행객들에게 인식되어 왔다.

과거에는 열악한 치안 문제와 관광인프라가 부족한 면이 있었지만, 지금은 과거와 다르게 국제적인 도시로 변모하여 역사나 음식, 문화 분야로 산업발전을 거듭하여 동서양의 음식을 다양하게 즐길 수 있으며, 여가를 즐길 수 있는 쇼핑몰도 즐비하다. 그리고 밤 문화를 즐길 수 있는 나이트클럽과 유흥가 등이 도시 곳곳을 메우고 있어 유흥의 천국으로 평가받고 있으며 시 외곽의 따가이따이(Tagaitai), 팍상한(Pagsanjan)폭포 등은 최고의 관광지로 평가받고 있다.

빈부 격차가 심한 이 나라 마닐라의 도심은 깨끗하고 세련된 모습이 다른 도심들과 상당한 차이가 있다. 그리고 망망대해의 외로운 섬들은 자연 그대로 원주민과 관광객들이 한데 어울려 이국적인 삶을 즐길 수 있는 곳이기도 하다. 그리고 모든 국민이 유창한 영어 실력으로 국제 감각이 뛰어나 여행자들이 손쉽게 접근할 수 있다.

팍상한폭포는 필리핀에서 가장 큰 호수인 라구나(Laguna)호수 동남쪽으로 흐르는 막타피오강 상류에 위치하고 있다. 막타피오강 하류에는 소형 2인용 배가 출발하는 선착장이 있다. 팍상한폭포는 선착장에서 최상류에 있기 때문에 강물을 거슬러 올라가야 한다. 동력장치가 없어 사공이 앞과 뒤에서 노를 저어 거슬러 올라간다.

이들은 물살이 약한 곳에서는 노를 저어가고 급류에서는 배에서 뛰어내려 양손으로 배를 떠밀어서 상류로 이동한다. 사공들은 자기 임무를 완수하고 고객들에게 팁을 요구하기 위해 있는 힘을 다해서 자기 임무를 완수한다. 팍상한폭포 가까이에 접근하면 잔잔한 호수가 우리를 기다리고 있다. 그리고 90° 가까이 되는 절벽에서 여러 갈래의 작은 폭포들과 팍상한폭포는 줄기차게 급물살을 물 위로 쏟아낸다.

여행자나 관광객들은 우의를 입은 채로 나무로 촘촘하게 엮은 뗏목을 타고 쏟아지는 물줄기를 사정없이 맞으며 원도 한도 없이 물놀이를 즐긴다. 그리

팍상한폭포

고 선착장으로 이동할 때에는 뱃사공의 도움 없이 물살을 이용한 일명 래프팅으로 좌충우돌을 거듭하며 감격과 괴성을 지르며 선착장으로 향하는 모습은 장관이라 아니할 수 없다.

그리고 팍상한폭포를 여행할 시에는 피부의 장시간 노출로 인해 상처를 유발할 수 있으니 꼭 수영복이나 긴소매, 긴바지를 입고 가는 것을 권하고 싶다.

따가이따이는 마닐라에서 남쪽으로 약 56km 떨어진 해발 700m 정도의 화산분화구를 이르는 이름이다. 이곳에는 대형분화구가 칼데라호수를 형성하고 있다. 이것만 있는 것이 아니고 호수 안에는 세계에서 제일 작은 따알(Taal)화산이 있고, 정상에는 따알 분화구가 있다. 이 분화구는 지금도 뿌옇게 연기를 내뿜고 있으므로 세계에서 유일무이한 복식 하산이라고 할 수 있다. 그로 인하여 유명세가 더욱더 높아져 관광객들은 너도나도 앞을 다투어 따가이따이에 오르고 있다.

따가이따이

우리 일행들은 어른이나 어린이 모두가 개별로 조랑말을 타고 현지인 마부들의 도움을 받아 따가이따이 정상에 올라 칼데라호수와 따알화산을 구경하고 기념 촬영을 한 후 내려올 때는 도보로 하산을 했다. 그리고 내려올 때는 산비탈에 조랑말들의 말발굽으로 인하여 주위가 온통 먼지투성이로 변해 마스크가 꼭 필요하기에 사전에 준비가 필요하다.

조랑말을 타고 따가이따이 정상 가는길

세부(Cebu Island)는 마닐라에서 남쪽으로 약 550km 떨어진 네그로스섬과 보홀섬 사이에 있는 섬

세부 해안지역

이다. 이 섬은 필리핀에서 마닐라에 이어 제2의 도시이며 휴양지로 더욱 유명하다. 인천에서 출발하면 3시간 30분이면 세부시티에 도착할 수 있다. 그래서 동남아시아 지역으로 거리가 짧은 이점이 있어 한국인이 많이 찾는 지역이다. 섬의 모양은 갈치 같이 생겨 길이는 약 200km이지만, 너비는 약 30km에 그친다. 그로 인해 길이가 긴 해안선을 많이 보유하고 있어 바다와 함께 하는 휴양지가 대세를 이룬다. 리조트나 풀빌라(수영장이 있는 빌라)에서 수영을 즐기거나 배를 타고 바다에 나가 낚시와 다양한 해양스포츠 등으로 여가를 보내기에는 안성맞춤이다.

우리 일행들은 J파크 아일랜드 리조트에서 4박 5일간 숙식을 하면서 여유로운 휴가 일정의 시작과 끝을 마무리했다. 그리고 세부와 이 사건을 따로 떼어놓고 이야기할 수 없는 사건이 과거에 있었다.

다름 아닌 세계적으로 유명한 포르투갈 항해사 마젤란이 1519년 9월 20일 스페인 카를로스 1세의 명을 받아 5척의 배에 선원 270명을 태우고 세비아를 출발, 아메리카 최남단 지금의 마젤란해협을 1520년 10월에 통과해서, 98일간 태평양을 횡단하여 현재 미국령 괌에 도착했다. 그리고 1521년 3월 16일 필리핀 남쪽 지금의 세부섬에 도착하여 함께한 선원들과 착륙을 하면서 원주민들과 격렬한 싸움이 벌어졌다.

마침내 마젤란은 원주민들로 구성된 막탄의 추장으로부터 심한 공격을 받아 사망에 이른다. 1522년 살아남은 17명의 선원은 마젤란의 뜻에 따라 빅토리아호를 타고 인도양을 거쳐 아프리카 희망봉을 돌아 스페인으로 무사히 돌아왔다. 이로써 마젤란은 세계를 최초로 일주를 한 항해사이며 동시에 지구가 둥글다는 것을 입증한 사람이다.

그 후 스페인은 야심 차게 군대를 조직해 1565년 무적함대를 이끌고 필리핀의 세부섬 산 페트로 요새로 진격해서 지역 원주민들을 박살을 내고 300년이라는 긴 세월 동안 필리핀의 전 국토를 식민지화하였다.

필리핀 세부의 음식 맛 중에 가장 특징이라면 스페인 그리고 일본, 미국 등으로부터 장기간의 식민지배로 인해 동 · 서양의 음식문화가 혼합되어 나름대로 감칠맛이 나서 구미를 당기게 한다. 특히 우리 일행들이 묵은 J파크 아일랜드 리조트의 레스토랑은 음식의 종류도 다양하지만 끼니마다 식사시간이 기다려질 정도로 음식 맛이 너무나 좋아서 필자는 동서양을 막론하고 음식 맛으로는 최고의 점수를 주고 싶다. 이번 여행은 음식 맛이 너무너무 좋아 만사를 제쳐두고 즐거운 여행이었다고 할 수 있다.

보라카이(Boracay)는 우리가 알고 있는 열대지방의 섬이라기보다는 동남아시아를 대표하는 꿈에서나 볼 수 있는 환상의 섬, 열대 파라다이스이다. 그 구성 요소 중 일자로 쭉 뻗어 있는 하얀 백사장인 명사십리는 답답한 가슴을 탁 트이게 하고도 남는다. 그리고 밀집된 야자수 나무가 그늘을 드리워주고 그 사이로 피서객들이 수영복 차림으로 오고 가는 풍경, 저녁노을이 질 무렵 패러세일링 보트(돛단배)를 타고 바다를 유람하는 정경이야말로 지구촌 어느 곳이라도 비교를 거부하는 보라카이 해변이다.

하얀 백사장 명사십리에서 일광욕을 즐기는 관광객들

스쿠버다이빙을 시도하는 관광객들

여기에 다양한 해양스포츠는 음식의 양념처럼 관광객이나 여행자들에게 취미와 감동을 곱절로 선물한다.

아일랜드 호핑투어는 보라카이에서 대표적인 해양스포츠로 바닷속의 화려한 열대어, 산호, 바다거북이 등을 직접 볼 수 있으며 바다를 누비며 보라카이섬을 둘러볼 수 있어 바다로 떠나는 소풍이라고도 한다.

스쿠버다이빙은 이론강습 시간 약 20분, 장비 착용 및 연습시간 약 25분, 바다로 이동하는 시간 약 10분, 체험시간 약 20분, 육지로 이동하는 시간 약 10분 정도의 시간이 걸린다.

이는 수중에서 호흡할 수 있는 스쿠버 장비를 이용하여 수십 분 동안 바닷속을 체험할 수 있는 관광코스로서 국내에서는 좀처럼 하기 힘든 바닷속의 탐험을 합리적인 가격으로 할 수 있는 환상적인 코스이다.

전문적인 라이센스가 없어도 장비를 이용하여 다이빙을 할 수 있는 체험은 다이빙체험 시 2명당 1명의 강사가 동행하기 때문에 수영을 못 하는 사람

패러세일링

도 안전하게 청정하고 맑은 보라카이 바닷속의 아름다운 모습과 그 활동까지 CD로 담을 수 있어 스쿠버다이빙 참가자들에게는 기억 속에 멋진 추억으로 남을 것이다.

보라카이의 새로운 해양스포츠인 패러세일링은 낙하산을 타고 하늘 높이 날아오르는 스포츠로 상공에서 보라카이섬 전체를 내려다볼 수 있다는 것 외에 아름다운 화이트 비치와 바다를 한눈에 즐길 수 있는 해양스포츠이다. 또한 보트에 매달려 달리는 속도감에 따라 상공을 나르고 바다에 잠수하는 것을 반복하는 순간은 말로 표현할 수 없는 쾌감과 황홀감을 느끼게 만든다.

패러세일링 보트는 바람과 돛을 동력으로 하는 보트를 타고 아름다운 해변을 천천히 여유롭게 즐길 수 있는 대표적인 보라카이 해양스포츠이다. 남녀노소 2~4명이 탑승하여 에메랄드빛 보라카이 바다를 마음껏 즐길 수 있으며, 특히 해 질 무렵 석양과 하늘과 바다가 어울려 조화를 이루는 풍경은 만고천하에 다시 없는 장관으로 기억된다.

패러세일링보트

보트를 따로 운전하는 사람이 있기 때문에 남녀노소 모두가 안전상 문제없이 편하게 힐링(Healing)을 할 수 있는 코스이다.

그러고 나서 가이드는 패키지여행이라면 반드시 피로를 풀어주는 코스라고 하며 황제 마사지라는 곳으로 데리고 간다. 얼굴 보습, 혈액순환, 세포재생, 노화 방지, 미백 등의 효과가 있다고 하며 진주 크림을 사용하고, 전신에는 미네랄 오일과 일랑일랑 에센스를 발라 마사지를 한다. 발 마사지와 경락 마사지를 혼합한 듯하며 스트레칭까지 겸한 최고의 피로 해소 코스라고 일행들은 말을 아끼지 않는다.

이후 이동한 곳은 이름하여 '디몰 낭만 투어'다. 쇼핑, 먹을거리, 즐길 거리가 한자리에 모여 있어 보라카이에 머무르는 여행객이라면 적어도 한 번 이상은 꼭 들르게 되는 보라카이의 유일한 도심이다. 아름다운 저녁 풍경과 기념품 가게, 맛집 등이 즐비한 거리에서 시원한 맥주나 음료수로 목을 축이며 보라카이 일정을 마무리했다.

팔라완섬(Palawan Island)의 지하강을 만나기 위해 2019년 7월 3일 인천 국제공항을 출발한 우리 일행들은 팔라완섬 푸에르토 프린세사 국제공항에 도착하자마자 바로 원주민 마을과 나비농장이 있는 곳으로 향했다.

나비농장과 원주민 마을은 열대 나무가 무성하게 우거져 자라고 있다. 정원에는 희귀종의 나비들이 사방으로 날아다니고 있어 곤충 마니아들이 이곳을 많이 찾는다고 한다.

기회가 되면 고치에서 부화하는 장면도 관찰할 수 있는데 주변에는 나비조

원주민마을

나비농장

악어농장

구렁이농장

형물이 대형으로 조성되어 있어, 관광객들은 너도나도 앞을 다투어 기념 촬영에 열을 올리고 있다. 이곳 나비농장에는 나비만 있는 것이 아니고 산돼지, 원숭이 등 지금까지 우리가 보지 못한 희귀동물들을 종류별로 우리 안에 가두어 두고 사육하고 있다. 그리고 나비농장과 이웃하고 있는 악어농장 역시 필리핀에서 멸종위기에 있는 다양한 악어 종을 볼 수 있다. 이곳도 악어 외에 필리핀에서 멸종위기에 있는 다양한 구렁이 종류들을 종류와 색깔과 크기에 따라 분리해서 사육하고 있다. 크기가 보통 2m 이상에 이른다. 악어와 구렁이들은 관광객들이 접근하기에 부담을 주는 동물이라 관광객 모두가 기념 촬영과 구경으로 악어 농장체험을 마무리했다.

미트라스 목장은 필리핀의 하원의원인 미트라스 가족의 별장이다.

팔라완 시내인 푸에르토 프린세사 주변의 바다를 내려볼 수 있는 탁 트인 전망은 정말로 아름답다. 넓고 넓은 잔디 위에 고삐 풀린 준마가 야생마처럼 성큼성큼 뛰어다니는 모습은 동작에 망설임 없이 빠르고 시원스러워 바라보

미트라스 목장

베이커스 힐과 테마파크

는 이들의 시선을 집중시킨다.

베이커스 힐(Baker's Hill, 테마파크)은 현지인뿐만 아니라 여행객들의 발길이 끊이지 않는 곳으로 과거에는 빵 공장이었던 이곳을 다양한 테마로 리모델링한 곳이다.

이름처럼 맛있는 빵을 파는 베이커리뿐만 아니라 피자, 파스타, 시푸드 등과 베이커스 키친도 있다. 그리고 뭐니 뭐니 해도 관광객들에게 가장 인기 있고 많은 사랑을 받는 곳은 다양한 형태로 대형 조형물을 설치해서 자기가 마음에 드는 이곳저곳을 찾아다니며 조형예술을 배경으로 기념사진을 남길 수 있는 곳이다. 복잡한 도시 생활을 뒤로하고 잠시라도 자연환경과 인공구조물 사이에서 힐링하는 장소로 인해 추억 속에 많이 남아있다.

혼다베이(Hondabay) 호핑투어는 바닷가 가장자리에 다양한 테마공원을 조성하여 해변 테라코타를 배경으로 관광객들이 기념사진을 촬영할 수 있게 하여 많은 관광객이 해양스포츠 못지않게 즐길 수 있는 곳이다.

테마파크

혼다베이 호핑투어

그중에 많은 사람이 몰려와서 기념 촬영을 하는데 순서를 기다려야 하는 곳도 더러 있다. 그리고 소형 선박을 이용해서 바다 수영을 즐길 수 있으며 다양한 해양 스포츠에도 참가할 수 있다.

해양스포츠는 가격도 천차만별이지만 인기 상품에 따라 고객들이 몰려다니는 모습을 보면 진풍경이 아닐 수 없다. 그리고 수심이 얕은 해안에는 해먹을 만들어 놓아 혼다베이 호핑투어로 지친 관광객들에게 잠시라도 휴식을 취할 기회가 주어진다.

필자는 육지에서는 여러 번 이용해 보았지만, 바다에서 해먹을 이용하는 것은 이번이 처음이다.

지하강 국립공원(Underground River)은 유네스코가 지정한 세계 유일한

수상해먹

지하강 자연유산이다. 우리나라 제주도와 함께 세계 7대 자연경관에 선정된 곳이기도 하다. 전체 길이는 약 8.2km이며, 이중 관광객들이 이용할 수 있는 거리는 1.5km이다.

관광객들은 전용 보트를 타고 지하강으로 들어가서 수많은 세월 동안 형성된 석회동굴과 절벽으로 이루어진 지하강을 탐사하는 일정이다. 수정처럼 맑은 물이 흘러가는 땅굴은 좌우로 조명등이 켜져 있지만, 관광객들은 헤드라이트를 이용해서 더욱더 가까이 접근하여 절벽에 붙어있는 박쥐들을 구경하느라 여념이 없다. 그리고 지하강은 바다를 사이에 두고 산속에 동굴이 산맥을 관통하고 있어 유속은 느리지만, 강물처럼 흘러가서 세계에서 유일한 필리핀의 팔라완 지하강이라고 불리고 있다.

팔라완섬 지하강 유람

팔라완섬 지하강

베트남 Vietnam

베트남(Vietnam)은 인도차이나반도의 동부에 있는 사회주의 공화국이다.

국토가 남북으로 길게 뻗어 있어 해안선이 길며 폭이 좁은 중부에서는 국경을 따라 내리뻗은 안남신맥이 해안으로 다가가 있어 평야가 거의 없다. 다만 북부의 송코이강과 남부의 메콩강 유역에 넓은 삼각주 평야가 발달하여 국민의 전체가 대부분 이곳에 몰려 산다. 기후는 열대 계절풍 지역으로 우기와 건기가 뚜렷하다. 국민의 약 90%가 베트남인이며 나머지는 53개의 소수 인종으로 이루어져 있다. 종교는 대부분 불교를 믿는다.

산업은 농업과 어업이 주산업을 이루며, 세계 최대의 쌀 생산지인 메콩 델타의 쌀을 비롯하여 고구마, 옥수수, 사탕수수, 땅콩 등이 생산된다. 석탄, 철, 주석, 보크사이트 등의 지하자원도 풍부하다.

1975년 오랜 월남전쟁 끝에 적화통일이 되었으나 전쟁의 후유증과 난민 유출에 의한 기술자 부족 등으로 경제 사정이 어려운 나라이다. 북쪽으로는 중국, 서쪽으로는 라오스와 캄보디아를 국경으로 접하고 동쪽과 남쪽으로는 남중국해에 면하고 있다.

주요 도시 및 관광지로는 수도 하노이(Hanoi)를 비롯해서 다낭, 하이푼, 호이안, 사파, 후에 그리고 달낫, 나트랑 등과 베트남의 최대 도시인 호찌민(Ho Chi Minh City, 사이공)이 있다.

우리가 흔하게 알고 있는 월남은 옛 베트남 왕조인 남월의 명칭을 거꾸로 사용한 명칭이다. 프랑스는 1858년부터 제2차 세계대전(100년 가까운 세월)까지 식민지배화하였다. 베트남은 식민지배 기간 동안 계속 독립운동을 하였고, 제2차 세계대전 기간에는 일본의 지배 아래에 있기도 하였다. 전쟁이 끝난 후 호찌민(초대 대통령)은 1945년 9월 2일 하노이의 바딘광장에서 베트남의 독립을 선언하고 민주공화국 수립을 선언하였다.

그러나 프랑스는 베트남의 독립을 인정하지 않았고 그로 인하여 베트남과 프랑스는 서로가 전쟁을 하게 되었다. 1954년 3월 13일 디엔비엔푸 전투에서 베트남군이 대승을 거두어 프랑스군이 자국으로 철수함으로써 드디어 베트남은 기다리고 기다리던 독립을 맞이하게 되었다.

그러나 서구의 열강들은 제네바 협정을 통해 베트남을 북위 17도를 기준으로 남북으로 분단시키고 이북은 월맹, 이남은 월남이라는 국가를 탄생시켰다. 그리고 응우옌왕조의 마지막 황제 바오다이를 왕으로 내세워 베트남국을 수립하지만, 베트남은 얼마 지나지 않아 응오지디엠의 쿠데타로 붕괴하고 베트남공화국이 세워져 남북의 대결 양상이 시작되었다. 미국은 공산화 도미노 현상을 내세워 베트남 전쟁에 개입하며, 특히 통킹만 사건을 빌미로 베트남 전쟁을 확산시켰다. 이로 인하여 대한민국에서는 '베트남 파병'이라는 단어가 역사에 등장하게 된다.

파병 당시 청와대 관계자의 말을 빌리자면 협상 테이블에 마주한 양국 관계자는, 미국 정부에서는 한국 6 · 25전쟁에 미군 파병과 희생된 물자와 병사들의 사망자 수를 들고 나왔고, 한국 정부는 파병에 따른 비용을 요구 조건으로 내세웠다.

미국 정부 측은 합의가 불발될 시에는 한국에 주둔하고 있는 미군을 모두 철수하겠다고 으름장을 놓았다. 처음 협상에서 미국 측 입장을 거부한 박정희 대통령은 김종필 전 총리를 보내서 추가로 협상을 추진했다. 마침내 추가 협상은 합의가 도출되고, 그로 인하여 박정희 대통령은 처음 협상에서 정해진 금액은 파병 병사들의 월급으로 지급하고 추가 협상으로 받는 금액은 경부고속도로 건설에 전액을 투입하기로 입법화하였다고 한다.

그리고 월남 파병안을 확정한 박정희 대통령은 꽃다운 청춘을 전쟁터에 내보내는 총괄 부모로서 가슴 아픈 심정을 억누르면서 청와대 경내에서 북악산을 바라보며 눈물을 흘렸다고 한다.

1964년 9월 11일부터 시작된 월남파병은 1973년 3월 23일까지 총 30만여 명을 파병했으며, 그중 사망자 5,099명, 부상자 11,232명으로 집계되었다. 비둘기 · 청룡 · 맹호 · 백마부대 등이 역사 속의 기록으로 남아있다.

베트남의 국토 면적은 33만 1,210km^{2}이며, 인구는 9,885만 9,000명(2023년 기준)이다. 공용어는 베트남어이며, 환율은 한화 5,400원이 베트남 약 10만 동으로 통용된다.

전압은 220V/50Hz를 사용하고 있으며, 시차는 한국시각보다 2시간 늦다. 한국이 정오(12시)이면 베트남은 오전 10시가 된다.

수도 하노이(Hanoi)는 우리나라의 경주와 시대적 배경이 비슷한 도시이다. 약 2,000년 역사를 지닌 하노이는 1,000년이라는 기간 동안 베트남의 수도로서 정치, 경제, 문화, 사회의 중심지이며 베트남 제1의 도시로 성장했다. 그러나 근래에 와서 외세에 의해 북베트남 수도 하노이, 남베트남 수도 사이공으로 분할되었다. 북베트남은 공산 진영, 남베트남은 민주 진영으로 우리나라의 38선처럼 분리가 되어 지속적이고 치열한 전쟁 끝에 북베트남의 승리로 지금까지 공산주의 노선을 걷고 있는 공산국가이다.

우리나라는 한때 남베트남(월남)에 파병을 해서 월남전쟁에 동참했지만, 베트남 국민들은 대한민국 사람들에게 상당히 우호적이다. 과거에는 서로가 총부리를 겨누었지만, 지금은 지구촌 시대이기에 대한민국 국민이 해외여행을 세계에서 베트남으로 제일 많이 가는 것으로 알고 있다. 그리고 한국 남성이 베트남 여성과 국제결혼도 제일 많이 하는 추세이다.

필자는 4회에 걸쳐 하노이, 나트랑 달랏, 다낭, 호찌민 등을 다녀왔지만 현지 주민들이 월남전에 관한 이야기를 하는 사람은 한 번도 보지 못했다.

여행을 가서 보면 느끼지만, 언어가 다르다뿐이지 일상생활에는 별반 차이가 없다. 여행비가 싼 것도 한몫하지만 한국인이 제일 선호하는 여행지 다낭에는 한국인들만 단골로 출입하는 대형 식당가에 한날한시에 1,000명을 수용할 수 있는 식당도 있어 이 지역이 베트남인지 한국인지 구별하기가 어려울 지경에 이른다. 이것을 가리켜 누이 좋고 매부 좋다고 한다. 베트남 사람들은 돈을 벌어 좋고, 한국인들은 저렴한 비용으로 좋은 구경 많이 해서 좋다는 말이다.

비딘광장의 호찌민 묘소와 호찌민 생가(출처 : 현지 여행안내서)

바딘광장 이웃에 있는 호찌민 묘는 1969년에 사망한 베트남 민족의 영웅 호찌민의 시신을 방부 처리하여 안치되어 있는 곳이다.

호찌민은 생전에 장례식과 묘소를 되도록 간단하고, 소박하게 하기를 원했다. 그러나 공산국가인 베트남은 다른 공산주의 국가지도자(레닌, 모택동, 김일성)들처럼 해마다 엄청난 비용을 들여가면서 생전모습을 그대로 보존하고 있다. 모스크바에 있는 레닌은 사진 촬영을 허락하는데 이곳 호찌민은 사진 촬영이 금지돼 있다. 그리고 9~12월은 보수(방부처리) 관계로 휴관을 한다.

하롱베이(Halong Bay)는 하노이에서 동쪽으로 약 170km 떨어져 있는 통킹만 해변에 자리 잡고 있다. 베트남에서는 천하제일의 아름다운 자연경관으로 손꼽히는 곳이다.

약 1,550km^{2}에 펼쳐진 해변에는 약 2,000개의 바위섬이 서로가 자신들의 아름다운 자태를 뽐내며 바다를 가득 메우고 있다. 이것은 해변에 산재해 있는 석회암 지대가 약 3억 년에 걸쳐 해수면의 침식과 풍마우세로 인해 지금의 모습으로 탄생하여 현재는 수많은 세계 유수의 관광객들을 맞이하고 있다.

하롱베이(출처 : 현지 여행안내서)

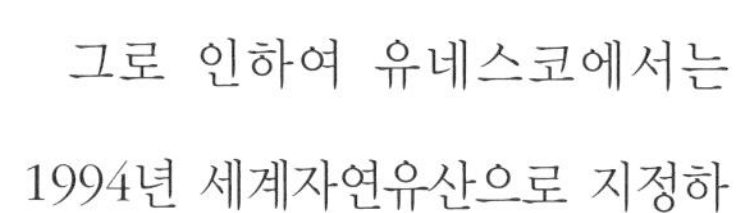

그로 인하여 유네스코에서는 1994년 세계자연유산으로 지정하였으며, 2011년에는 세계 7대 자연경관에 선정되는 기록을 남기게 되었다. 그리고 하롱베이는 용이 하늘에서 내려와 여의주로 불같은 화력을 분출하여 무수히 많은 외세의 침략을 방어했다는 전설이 전해오고 있다.

하노이를 여행하게 되면 필수적으로 거쳐야 하는 곳이 하롱베이다. 그러나 거리 관계로 오전에 출발해서 하롱베이에서 점심을 먹고 하노이로 돌아오면 하루 일정이 지나간다. 그래서 선상에서 점심 식사로 즐기는 것이 최고의 인기 있는 상품이다.

유람선에는 횟감도 팔지만, 주류도 판매하고 있다. 우리 일행들은 하롱베이의 명주를 주문하고 안주를 다금바리(광성어)로 시켜서 유유자적하게 너도 한잔 나도 한잔을 거듭하면서 선상에서 아름다운 섬들을 감상하며 평생 잊지 못할 추억을 만들었다. 그리고 띠엔꿍(Thein Cung) 석회동굴을 방문한 후 서로가 서로에게 기념 촬영을 협조하면서 술에 찌든 몸을 이끌고 하노이로 돌아오는 일정으로 하루를 마감했다.

오늘은 다낭 (Danang)에서 조식 후 후에(Hue)로 이동(약 2시간 30분 소요)했다.

1993년 베트남 최초로 유네스코 세계문화 유산으로 지정된 후에는 우리나라의 경주와 같은 곳이다. 1802년부터 1945년에 이르기까지 약 150년간 베트남의 수도 역할을 충실히 했던 후에는 베트남 역사의 주요 무대로 수많은 왕의 무덤과 사원들이 곳곳에 남아있는 유서 깊은 곳이다.

후에의 핵심관광은 전동 카를 타고 골목골목을 누비며 구경하는 일정이다. 후에 지역의 모든 유적지는 가이드의 단속으로 인해 한국 가이드의 입장이 불가하다. 차량 내에서나 유적지 입구에서 자세한 설명을 듣고 베트남 현지인 가이드와 함께 유적지 내 관광이 이루어진다.

응우옌왕조 왕궁인 후에성은 도시의 상징인 깃발탑을 비롯해 대포, 문, 절, 주거 터 등 당시의 생활 모습들을 그려볼 수 있는 명소들이 곳곳에 있다. 베트남 전쟁으로 손상을 입긴 하였지만, 현재는 많이 복원되어있다. 이곳에서는 오문, 태화전, 자금성 등을 볼 수 있다.

티엔무사원 7층 석탑

흐엉강 서쪽에 자리 잡고 있는 티엔무사원은 1601년에 건립된 사원으로 중국불교의 흔적이 많이 묻어나는데, 특히 남방불교의 색채를 많이 띠고 있다. 절 입구에는 21m에 달하는 빛바랜 팔각형의 7층 석탑이 단아한 아름다움을 빛내며 강물을 굽어보며 자리 잡고 있다. 탑의 좌우에는 각각 탑비와 범종이 자리 잡고 있으며, 탑의 각 층에는 불상이 안치되어 있다.

카이딘 황제릉

시내에서 10km 떨어진 차우구구릉 지역에 있는 카이딘 황제의 능은 다른 왕들의 능과는 확연하게 구별되는 스타일이 인상적인 곳이다. 1920년부터 30년까지 무려 10년에 걸쳐 축조된 이 능은 20세기 초 베트남 건축예술을 대표하는 곳으로 알려져 있다. 베트남과 유럽 고딕 양식이 혼재돼 있는 이 능은 입구에서 36개의 계단을 올라 중앙에 이르면 공덕비와 무덤을 지키는 문무관, 기마, 코끼리 상을 볼 수 있다.

후에 왕궁 관광지에는 전동 카를 이용하면 보다 편한 관광을 할 수 있다. 그래서 우리 일행들은 4명씩 한 조를 짜서 전동 카를 타고 오르고 내리는 것을 반복하면서 전동카 기사의 협조 아래 즐겁고 유익한 후에 왕궁을 관람할 수 있었다. 이후 우리는 후에에서 다낭으로 2시간 30분에 걸쳐 이동했다.

오늘은 먼저 다낭에서 오행산을 구경하고 호이안으로 이동하기로 했다. 오행산이라고도 불리는 마블 마운틴은 산 전체가 대리석으로 되어 있다. 마블 마운틴은 모두 다섯 개의 봉우리로 구성되어 있는데, 각각 나무, 불, 흙, 쇠, 물 등 다섯 가지를 의미한다고 한다. 산에 오르면 산속에 있는 동굴과 불상 등을 볼 수 있고, 전망대까지 오르면 다낭 시내의 모습도 감상할 수 있다.

먼저 호이안으로 이동해서 목선을 타고 호이안에 흐르는 투본강과 도자기 마을 관광을 위해 선착장으로 향했다.

호이안의 투본강 관광은 호이안 올드타운에서 배를 타고 투본강을 관광하면서 프랑스, 중국, 일본, 태국 등의 영향을 받은 다양한 집들과 건물을 감상하고 목공예 마을과 도자기 마을을 방문하여 베트남 현지인의 문화를 체험해 보고 느껴보는 뜻깊은 일정이었다.

고대도시 호이안은 투본강을 끼고 있는 작은 마을로 15세기부터 국제 무역항으로 번성했던 곳이다. 옛 모습을 간직한 마을이 고스란히 보존되어 있어 호이안의 올드타운 전체가 유네스코 세계문화유산으로 지정되면서 그 가치를 더욱 인정받고 있다.

복건회관은 짠푸(Tian Phu)의 거리에 위치하고 있는 화교들의 집회지이다. 고향이 중국의 복건성인 사람들이 모이는 장소로서 지금까지 사용되고 있다. 건물 역시 중국식 기와집으로 빨간색과 노란색을 많이 사용한 화려한 건물이다. 회관 내부에는 제단이 설치되어 있다.

광조회관은 중국 광동 지역 무역 상인들의 향우회관으로 광동 지역 상인들의 안녕과 향우들의 결속을 바라며 만든 곳이다. 내부에는 만선당, 의사당,

관우사당이 있으며, 바다를 자주 이용하는 상인들이라 바다를 관장하는 신을 모시는 사당이 있다.

내원교는 1593년 일본인들이 세웠다는 목조지붕이 있는 다리로 일본인 거리와 중국인 거리를 연결해주는 역할을 했다. 개와 원숭이 조각상이 다리의 양 끝을 지키고 있으며 다리 위에는 항해의 안전을 기원하고자 하는 절이 있다. 다리를 건너는 것은 무료지만 절 내부를 관람하려면 입장권을 구입해야 한다.

풍흥의 집은 말 그대로 풍흥이라는 무역상인이 상점으로 이용하기 위하여 지은 건물이다. 복층으로 이루어진 풍흥의 집은 베트남, 중국, 일본의 가옥 양식이 절묘하게 조화되어 중후한 분위기가 나는 게 특징이다. 풍흥의 집 내부에는 물건을 진열하는 곳과 창고, 주거지, 제단으로 구분되어 있으며, 호이안에서 가장 오래된 건물로 유명하다.

떤끼의 집은 중국 광동의 진기라는 어부가 살던 집으로 1985년 호이안에서 최초로 문화유산 판정을 받은 곳이다. 호이안 전통 건물로 앞뒤로 출입문이 있는 좁고 긴 구조로 되어 있는 이 집은 2층 건물로 정문은 호이안에 거주하는 상인들이 들락거렸고, 후문은 정박한 배에 물건을 싣기 편리해 외국 상인들이 즐겨 이용하였다. 현재 7대 후손들이 살고 있으며, 베트남 · 중국 · 일본 가옥 양식이 절묘하게 조화를 이루는 건물로 평가받고 있다.

오늘은 다낭 시내를 관광하는 날이다. 출발하기에 앞서 가이드가 영흥사 주변에는 관리가 되지 않은 유기견들이 있으니 가까이 가지 마시고 관광 시주의하라고 당부한다.

다낭대성당은 1923년 프랑스 식민 통치 시기 건축된 성당으로 분홍색 외벽이 눈에 띄는 곳이다. 지붕에 수탉 모양의 풍향계가 있어 현지에서는 '수탉성당(냐터 꼰가)'이라 불리기도 한다.

다낭대성당

영흥사(손짜)는 다낭 시내에서 선짜반도 방향을 바라보면 산속에 흰 대리석상이 하나 보이는 곳에 있다. 대리석상은 영흥사(린응사, 링엄사)의 해수관음상이다. 베트남에서 가장 큰 규모의 이 해수관음상은 30층 건물 높이에 해당하는 67m 높이를 자랑한다. 관광객들이 많이 오는 코스이지만 현지인들에게는 종교적인 의미가 있는 장소이기 때문에 정성스레 기도드리는 신도들을 보면 엄숙한 느낌을 받을 수 있는 곳이다.

영흥사 해수관음상

바나산(BaNa Mountain)은 해

바나산

발 1,487m로 시원하고 서늘한 기후 탓으로 사람 살기 좋은 곳이다. 현지 가이드의 설명에 의하면 20세기 초부터 프랑스 상류층에 의해 여름별장과 휴양지로 각광을 받아왔다. 세계에서 가장 긴 케이블카로 추정되는 이곳은 출발지와 도착지의 고도 차이가 커 케이블카를 타고 30분 정도 올라가야 정상에 다다른다. 정상에는 다낭 시내가 한눈에 바라보이는 산 좋고 경치 좋은 곳이기도 하다. 이 지역을 테마파크로 개발하여 다낭 관광객이면 누구나 한 번씩 들러서 유람하는 곳이다. 알록달록한 예쁜 꽃들과 여러 가지 조각작품들로 인해 눈이 열 개라도 모자란다.

하산하여 식당가로 이동하면 한국인들이 단골로 이용하는 대형식당이 손님을 기다리고 있다. 이 식당에는 동시에 한국인 1,000여 명을 수용할 수 있어 이곳이 한국인지 베트남인지 분간이 어려울 지경이다.

달랏(DaLat)은 해발 1,500m에 위치한 내륙 고원지대로 인해 1년 내내 시원한 우리나라의 가을 날씨와 비슷한 양상을 띠고 있다. 그래서 프랑스 식민지 시절부터 부유층의 여름별장과 휴양지로 개발되었다. 아담하지만 울긋불긋, 알록달록한 프랑스식 건축물들이 도시 전체를 장식하고 있다. 아름다운 산과 인공호수, 정원 등으로 도시 환경을 아름답게 꾸미고 있으며 지역마다 자연스럽게 산재해 있다. 그래서 우리나라 7~8월에 더위를 피하고자 동남아시아로 여행을 계획한다면 제일 먼저 베트남 달랏을 추천하고 싶다. 한여름에도 반소매 옷이 필요 없는 도시이기에 더욱 호감이 가는 지역이다. 그리고

달랏 시내 전경

죽림사

도시 주변의 관광명소들이 동서남북으로 관광객들을 유혹하고 있어 더욱더 정이 가는 곳이라 할 수 있다.

죽림사는 해발 1,300m에 위치한 꽃과 호수가 잘 어우러진 불교식 최대 사원이며 달랏에서 가장 큰 사원으로 모두 4개의 사찰로 이루어져 아름다운 자연과 조화를 이루고 있는 곳이다. 입구에서 죽림사까지 케이블카로 이동할 수 있으며 달랏에서 가장 영험한 사원으로 많은 사람이 찾는 곳이다.

물이 너무 맑아 선녀들이 내려와 목욕을 했다는 다딴라폭포는 달랏의 명소이며 베트남에서 유명한 폭포이다. 입구를 지나 조금만 들어가면 롤러코스터가 나온다. 이 롤러코스터는 다딴라폭포에 간다면 추천하는 방문지 중 하나이다. 브레이크가 따로 있어서 속도 조절도 가능하며 내려가면서 다딴라폭포

랑비앙산

의 경치를 감상할 수 있다.

랑비앙산(Langbiang Mountain)은 유네스코 보존지역으로 지정된 달랏의 가장 높은 명산이다. 달랏 시내에서 북쪽으로 약 12km 떨어진 랑비앙산은 '달랏의 지붕'으로 불리며 해발 2,167m를 자랑한다. 이곳 정상에는 테마파크를 조성해서 달랏의 여행자라면 누구든지 거쳐가는 관광명소이다.

이곳은 산세도 좋고 전망도 빼어나지만 아름답고 슬픈 전설이 전해오고 있다. 제각기 다른 부족에서 태어난 총각 크랑이 사나운 늑대에게 쫓기는 처녀 호비앙을 구하면서 사랑에 빠지게 된다. 양가 부족의 반대로 두 사람은 부족을 떠나 랑비앙산에서 함께 살다가 호비앙이 병에 걸려서 크랑이 부족에게 도움을 요청하니 부족은 크랑을 죽이기 위해 화살을 쏘았고, 그 화살은 호비앙이 맞아 죽게 되었다. 크랑은 슬퍼서 너무나 많은 눈물을 흘려 오늘날 단카이강이 되었다고 한다.

크레이지하우스

크레이지하우스는 베트남의 가우디로 불리는 '당비엣응아'에 의해 설계된 기괴한 건물이다.

베트남 2대 대통령의 딸인 응아 여사가 직접 설계해서 유명해진 크레이지하우스는 달랏 시내 관광명소 중의 하나이다. 특히 미로처럼 괴상하게 지어 놓은 집과 객실마다 동물의 이름을 붙여 꾸며놓아 보는 즐거움이 한층 더 배가된다.

크레이지하우스는 호텔로 사용되는데, 운이 없는 사람들은 시집 장가가는 날 비가 온다고 하더니 우리가 방문하는 날에는 내부공사를 하고 있어 외형과 내부 구조만 두루 살펴보고 다음 여행지로 이동했다.

바오다이 황제 별장은 베트남 '응우옌왕조'의 마지막 황제인 바오다이의 여름별장이다.

응우옌왕조의 마지막 황제인 바오다이 왕의 여름별장인 이곳은 프랑스 건축 양식의 영향을 받아 아름다운 외관이 특징이며, 2층에서 내려다보는 정원의 풍경이 환상적인 곳이다.

1938년 완공된 프랑스풍인 1층은 집무실과 응접실, 회의실 등을 갖추고 있고, 2층에는 왕을 비롯한 왕비와 자녀들의 거실과 침실 등으로 사용되었다. 실내에는 모두 그 당시 실제 왕실 가족들이 사용하던 가구와 생활 도구들이 고스란히 보존되어 있다.

플라워가든은 연인들의 데이트 장소로 유명한 달랏의 명소이다. 이곳은 쑤언흐엉호수 끝자락에 있는 달랏의 대표 관광명소이며, 봄의 도시 달랏에서 자라는 약 300 여종의 꽃과 식물을 만나 볼 수 있는 달랏의 꽃 정원으로 달랏 연인들의 대표적인 데이트 코스이다.

정원 내에는 각종 과일나무부터 선인장정원, 분재정원 등 헤아리지 못할 여러 가지 꽃들이 지역마다 식재되어 있고 말로 표현하기 힘든 조형물은 보는 이들이 감탄을 자아낸다. 한 바퀴 둘러보려면 카메라가 항상 손에서 떠날 수가 없다. 매년 12~1월 사이에 대규모 꽃축제가 이곳에서 성황리에 열린다고 한다.

플라워가든

린푸옥사원 정원(손오공 알행)과 린푸옥사원

달랏의 린푸옥사원은 봄의 도시에 꽃 핀 화려한 색감을 뽐내는 달랏의 최고명물이라고 한다. 가이드의 설명에 의하면 1952년에 완공된 불교사원이며 화려한 색상과 도자기, 유리 등 조각을 이용해 모자이크로 처리한 작품이 사물을 화려하게 만든다. 그리고 높이 80m의 7층 종탑은 하늘 높은 줄 모르고 서 있으며, 2층에는 약사여래불상이 불교도들의 발걸음을 모으고 있다. 바로 이웃에는 여행객들이 붙인, 각자 자기의 소원을 적은 메모지들이 다닥다닥 붙어 있는 것을 볼 수 있다.

달랏의 기차역은 베트남의 옛 모습을 간직한 오래된 기차역이다. 폐쇄된 기차역으로 운행하는 열차가 거의 없다. 역의 역할보다는 관광지의 역할을 하고 있는 달랏역은 관광객들의 사진 촬영장소로 많이 이용되고 있다.

개장시간은 08:00~17:00시이며, 입구에는 화가 2명이 목판지에 여행객들의 자화상을 그려주는 영업을 하고 있다. 필자도 기회를 놓치지 않으려고 신속히 참여해서 지금은 거실에 걸어 놓고 가끔씩 쳐다보고 있다.

쑤언흐엉호수는 달랏 시내 중앙에 있는 인공호수이다. 길이가 총 7km에 달하는 거대한 규모로 아름다운 전경과 더불어 잘 조성된 자동차 도로, 자전거 도로, 산책길 등은 현지 주민들의 많은 사랑을 받고 있지만, 근본적인 원인은 수자원 확보 때문에 건설된 호수이다. 우리 일행들은 역마차를 타고 호숫가를 돌아보는 일정에 참여하여 모두가 만족스러운 얼굴과 즐거운 미소로 서로가 서로에게 눈을 떼지 못하는 기쁨을 함께 나누었다.

달랏 시내 천국의 계단은 커피 생산지를 대표한 달랏의 써니팜 커피 1잔으로 시작된다. 달랏 시내가 한눈에 보이는 카페에 천국의 계단이라는 곳은 기념사진 촬영장소로 유명한 곳이다.

한마디로 손님을 유치하기 위한 기발한 아이디어라고 생각한다. 100m 이상 되는 가파른 언덕에 저지를 향해 45도 이상이 되는 계단을 하늘로 향해 만들어 놓고 이름하여 '천국의 계단'이라고 한다. 부슬비가 부슬부슬 내리는 야경이지만 모두가 줄을 지어 기념 사진 촬영하기에 바쁘다. 필자는 기회를 잡지 못해 천국의 계단에 오르진 못하고 천국의 계단을 사진으로 남기고 돌아서야 했다.

천국의 계단

오늘은 동양의 나폴리라고 하는 나트랑으로 이동하는 날이다. 차량으로도 약 3시간 30분이 소요되는 거리에 있다. 달랏에서 나트랑으로 왕복 이동하는 코스는 산길을 따라 굴곡이 많은 포장도로로 인해 시간상으로 지루함을 느끼는 여행이다.

나트랑에 제일 먼저 도착한 롱선사는 나트랑 시내를 한눈에 바라볼 수 있는 사원으로 나트랑의 대표적인 중국 사원이다.

절 입구에는 거대한 용의 얼굴 모습이 장식되어 있으며, 지붕과 같은 구조물에 전부 승천하는 용의 모습을 새겨 넣었다. 계단을 오르다 보면 좌측 편에 거대한 와불상이 있다. 그리고 사원 정상에 올라가면 베트남의 민주화를 위하여 자신의 몸을 불태우신 스님을 상징하는 불상이 있는데, 이 불상의 높이가 무려 14m나 된다.

포나가 참사원은 나트랑의 외곽 언덕에 자리한 중요한 역사유적으로 원래 8개의 탑이 있었으나 현재는 4개만 남아있다. 4개의 탑은 7세기에서 12세기에 걸쳐 서로 다른 건축 양식을 하고 있다. 가장 높은 탑은 23m로 817년 당시에 직조술과 새로운 농업기술을 가르쳐 준 파나가르 공주를 위하여 건설하였다. 다른 탑들은 모두 신을 위하

롱선사 스님 불상

여 세워진 것들이다.

사원은 크게 2개 구역으로 나뉘는데 저층에서 제일 먼저 만나는 사원과 계단을 올라가면 붉은 벽돌로 만든 4개의 붉은 벽돌탑이 있다. 4개의 탑 안에는 모두 다 제단과 제례의식에 필요한 도구들이 놓여 있으며 탑 뒤쪽으로 돌아가면 포나가탑의 발굴 당시의 사진과 조각작품 등이 전시된 전시실이 별도로 마련되어 있다.

포나가 참 사원

나트랑대성당은 80년의 역사를 가진 석조성당으로 베트남의 역사와 함께하는 19세기 초 지어진 고딕 양식

나트랑 침향타워 야경

나트랑 해변

의 가톨릭 성당이며 현지인들의 웨딩 촬영지로 인기 있는 장소이다.

1886년에 프랑스 선교사들이 예배당으로 세웠고, 지금의 건축물은 1928년 네오고딕 양식으로 재건축되었다고 한다. 본당 외부에는 나트랑대성당에 대한 지대한 공로가 있는 신부 묘소가 마련되어 있고, 언덕길 위에는 일반 가톨릭 신자들을 위한 납골당이 있다. 그리고 마당에는 성모마리아와 성경에 자주 등장하는 주요 인물상들이 세워져 있다.

담 재래시장은 베트남에서 크고 오래된 전통시장 중 하나로, 나트랑 시내에 위치하고 있으며 식료품, 의류, 액세서리, 생필품, 기념품 등등 여러 종류의 물품을 판매하고 있다. 북적이는 인파 속에 베트남인들의 활력을 느낄 수 있으며 나트랑에 와서 꼭 방문해야 하는 필수 관광지 중의 한 곳이다. 그러나

시장통 골목이 너무나 짧아 눈요기하기에는 실망스러웠다.

그리고 쇼핑센터 한 곳을 방문하고 베트남 숲속의 고산지대 달랏으로 이동했다.

호찌민(사이공) 시내에 있는 최초의 통일궁(Dink Thong Nhat)은 프랑스 식민시대 때 건축된 건물이었고, 1954년 프랑스로부터 독립과 동시에 '통일궁'이라고 불리었다. 현지 가이드의 설명에 의하면 그 후 북쪽으로는 북베트남(월맹)이라는 정권이 들어서고, 남쪽으로는 남베트남(월남)이라는 정권이 들어섰다. 그래서 남베트남의 대통령궁으로 사용되었다.

1962년 남베트남의 대통령 암살목적으로 옥상에 폭탄이 투하되어 지금의 신축건물이 들어섰다고 한다.

통일궁

옥상에 폭탄이 두하된 지점

대통령 집무실

대통령궁 접견실

대통령궁 회의실

그리고 1975년 4월 30일 북베트남군이 탱크를 몰고 입성하므로 전쟁은 종식되었고 이곳에서 남북통일이 선포되었다고 한다. 그 당시 대통령은 외국으로 도피를 하고 참모총장을 비롯한 정부 고위관료 반 이상이 간첩이었다고 한다. 1, 2층에는 대통령 집무실을 비롯하여 연회장, 각국 대사 접견실, 각료회의실, 대회의장 등 공적 공간으로 이용되었고, 2, 3층에는 침실, 서재, 영화관, 게임룸 등 사적 공간으로 사용되었다. 4층에는 헬기장이 있으며 이곳에서 연결된 통로를 따라 내려가면 지하벙커에 도달할 수 있다. 모든 공간에는 그 당시 시설물도 있지만 새로운 시설물과 인테리어로 깔끔하게 장식되어 있다. 입구마다 사진과 설명으로 관람객들이 이해하는 데 도움을 주며 관람을 마치고 좌측 정원을 바라보면 1975년에 사용한 북베트남의 탱크 2대가 나란히 전시되어 있다.

전쟁박물관은 1961년에서 1975년까지 베트남 남북 전쟁의 실제상황을 사진과 무기로 적나라하게 전시해놓은 곳이다.

이곳은 일 년에 60만 명 이상의 방문객이 찾을 만큼 베트남 호찌민(사이공)시를 여행하게 되며 여행자들의 필수 코스로 선정되어있는 곳이기도 하다. 총 3층으로 되어있으며 그 당시 11개 국가에서 파견한 134명의 종군기자들의 사진과 참상 그리고 병기와 소총 등이 전시돼 있다. 본관 왼쪽에는 그 당시 포로수용소를 재현해 놓았다. 그리고 전쟁에 사용한 고엽제의 피해로 인한 사진들은 차마 눈을 뜨고 볼 수 없는 장면들이 하나둘이 아니다. 그래서 지구촌에는 이유 여하를 막론하고 전쟁은 영원히 사라지고 평화가 정착되어야 한다는 강한 메시지가 전달되는 곳이라고도 할 수 있다.

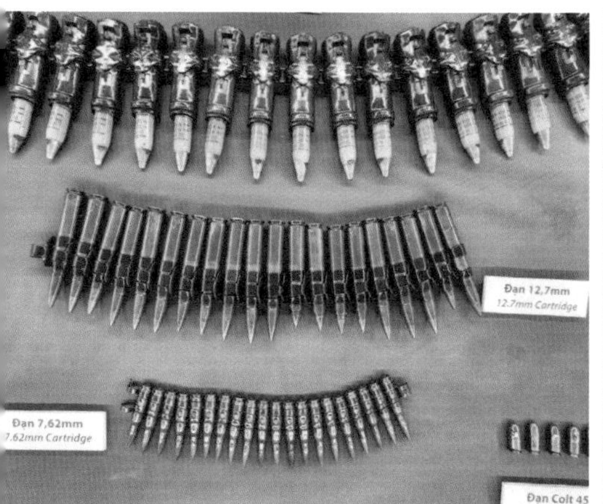

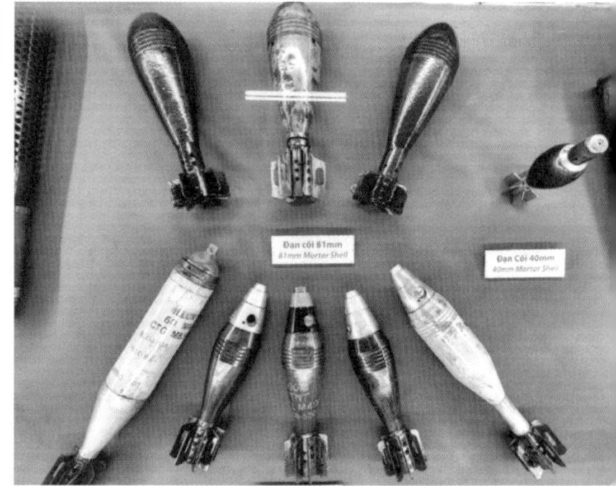

전쟁박물관

와인캐슬은 와인을 제조하는 공장이 아니고 보통 박물관 정도의 크기에 자체공장에서 생산되는 와인을 종류별로 다양한 인테리어와 결부하여 아름답고 우아한 실내 장식으로 전시해놓은 곳이다. 근본적인 내용은 자사 제품인 와인을 선전하고 영업하는 시설이지만 건축물의 외형이나 실내 공간을 이용한 규모로 보아 와인캐슬이라고 이름 지었다고 사료된다.

먼저 고객들에게 시음으로 환심을 가지게 한 후, 이 술은 얼마이며, 저 술은 얼마라고 판매를 촉진한다. 그러나 우리 일행들은 모두가 시음에는 동참했지만 단 한 명도 구매한 사람은 없었다. 그래서 미안한 마음을 가지고 다음 여행지로 이동했다.

무이네(MuiNe)는 호찌민에서 약 200km 떨어진 곳에 위치해 있으며 건조한 바닷바람으로 인해 규모는 작지만 흰 모래사막으로 이루어져 있다. 그 때문에 여행객들은 사륜구동인 쿼드바이킹을 타고 하얀 모래사막을 질주하고

와인캐슬

와인캐슬

와인캐슬

와인캐슬

이동하면서 즐기는 코스이다. 우리 일행들은 출발, 정지, 후진 등을 숙지하고 앞뒤 간격을 충분히 유지하고 주어진 1시간 일정을 모두가 무리 없이 소화했다. 그리고 모두가 즐거워하며 두 손을 들고 박수를 아끼지 않았다.

요정의 시냇물은 약 7km에 걸쳐 붉은 사암과 절벽, 계곡 등으로 골짜기를 형성해서 맑은 냇물이 흘러 내리는 곳이다. 물길을 거슬러 올라가면 좌측은 절벽으로 이루어져 있고, 우측은 열대우림으로 숲이 우거져 있다. 그 사이를 수면이 발등을 덮을까 말까 하는 정도의 맑고 잔잔한 냇물이 흘러내린다. 우리 일행들은 신발을 벗고 맨발로 왕복 1시간 정도 오르고 내리면서 여행에 지친 심신을 달래보는 시간을 가져보았다.

1979년에 개관한 베트남 역사박물관은 베트남의 전근대유물과 인근 동남

요정의 시냇물

역사박물관

역사박물관

아시아 고대 유물들을 전시하고 있다. 베트남의 선사시대부터 청동기시대에 이르기까지 다양한 유물들과 중국점령기 시대 유물들 그리고 베트남 마지막 왕조 1945년 응우옌왕조에 이르기까지 총 10개의 전시관에 전시되어 있다.

각종 불상이나 인간을 주제로 한 석물로 조각된 작품은 여행객들의 시선을 끌어들이기에 충분하다. 그리고 동남아시아 지역 전시실에는 고대 인간의 미라가 전시되어 있는데 흉물에 가깝지만 섬뜩하리만큼 생생하게 잘 보존되어 있다.

라오스 Laos

라오스(Laos)는 인도차이나반도 내륙 북부 메콩강 중류에 있는 나라이다.

국토는 남북으로 길쭉하며 대부분이 산과 고원으로 이루어져 있다. 안남산맥이 남북으로 길게 뻗어 베트남과 경계를 이루는 동부는 험준하고, 서쪽은 국경을 흐르는 메콩강을 따라 기다랗게 평야를 이루고 있다. 기후는 열대 몬순기후에 속하며, 강우량은 비교적 적고 1년 내내 기온이 높다. 국민은 타이계의 라오족이 약 60%이고, 나머지는 먀오족, 야오족 등의 소수의 종족으로 이루어져 있으며 대부분이 불교를 믿는다.

1893년 프랑스의 보호령이 되었다가 1954년에 완전히 독립하였다. 그 뒤 왕국 정부와 좌파로 갈리었고 정부는 다시 우파와 중립파로 갈려서 3파 사이에 내전이 계속되다가 1975년에 모두가 공산화되었다. 철, 주석, 석탄 및 산림자원이 풍부하지만, 아직 개발이 늦어지고 있다.

국토 면적은 23만 6,800km^{2}이며, 수도는 비엔티안(Vientiane)이다. 인구는 763만 3,780명(2023년 기준)이고, 공용어는 라오스어를 사용한다. 종교는 불교(69%), 토속신앙(28%), 기독교(1.5%) 순이다.

시차는 한국시각보다 2시간 늦다. 한국이 정오(12시)이면 라오스는 오전 10시가 된다.

환율은 한화 약 650원이 라오스 10,000킵으로 통용된다. 전압은 220V/50Hz를 사용하고 있다.

메콩강을 사이에 두고 태국과 국경을 마주하고 있는 비엔티안은 태국과 국경을 맞대고 있는 관계로 태국에게 점령을 당한 치욕스러운 과거가 있는 도시이다. 한 나라의 수도라기보다는 도시지역을 벗어난 고요하고 한적한 우리나라 농촌 지역의 군청 소재지를 방문한 느낌이 든다. 라오스 정부의 각 부처가 모여 있는 수도이지만 모든 지역에 걸쳐 10층 이상 되는 건축물이 하나도 없다고 한다.

승리의 개선문(출처 : 라오스 엽서)

지금부터 10년 전 이야기이지만 라오스를 방문한 외국인 관광객들은 모두가 산 좋고 물 좋고 공기가 좋으니까 복잡하고 다양한 대도시 생활을 벗어나 조용히 휴식을 취하기 위해 휴양차 여행을 가는 곳이라고 이야기했다. 그래서 볼거리라고는 대로 한복판에서 늠름하게 관광객을 맞이하는 개선문과 황금빛 찬란한 프하탓 루앙 불교사원 그리

프하탓 루앙 불교사원(출처 : 라오스 엽서)

고 점심때 맛있는 도가니 국수는 후식으로 새콤달콤한 라오스 커피와 더불어 입맛을 사로잡았다. 그리고 오후에는 대통령궁과 총리 관저 등을 둘러보고, 저녁에는 메콩강 강변으로 이동해서 붉게 노을이 물들어가는 석양을 바라보며 일몰과 더불어 힘차게 살아가는 비엔티안 주민들과 숙소로 향했다.

다음날 호텔에서 조식 후 곧바로 남능강 유람선을 타기 위해 가는 길을 서둘렀다. 유람선이라기보다는 나룻배라는 표현이 격에 맞을 것 같다. 산천과 초, 목, 화를 배경으로 즐겨보는 보람은 어느 지역과도 비교를 거부할 지경이다.

푸른 강물을 거슬러 올라가면서 강바람에 스치고 지나가는 맑은 공기는

불상공원

산소 덩어리로 인해 코감기에 막힌 콧구멍도 뚫어서 구멍을 낼 것 같다. 콧구멍이 두 개라서 다행이지 한 개라고 가정하면 못내 아쉬움이 남을 것 같다. 그리고 더욱더 놀라운 것은 선상식으로 차린 점심은 생일 잔칫상을 방불케 했다.

오후에는 불상공원으로 이동했다. 불상공원은 라오스의 수도승이며 불상 조각에 조예가 깊은 스님이 넓은 공간에 불상을 하나, 둘 세우기 시작해서 나중에는 다양한 형태의 불상과 조각상들이 이곳을 가득 메우고 있어 이름하여 불상공원이라고 한다. 현지 가이드의 말을 빌리자면 공원 내에는 불상도 많이 있지만 시바신, 비슈누신, 하누만신, 라마신과 같은 힌두교 신화적인 주인공들도 있으며 여러 가지 동물상 그리고 악마상 등 다양한 조각상들이 산

방비엥 휴양지

재해 있다고 한다.

입구에서 오른쪽으로 향하면 커다란 호박을 연상케 하는 전망대가 있는데 꼭대기에 올라가서 원을 그리며 관광객들이 기념 촬영하기에 좋은 장소이기도 하다. 작품 한 점, 한 점 모두 관람하기 위해서는 2~3시간가량 소요된다.

방비엥(Vang Vieng)에서 놓치고 싶지 않은 두 가지 여행 스토리 중의 하나는 강물이 흘러 굽이치는 지역 작은 연못을 이룬 곳(블루라군)에 크게 성장한 나무가 연못 쪽을 향해 상하로 큼직한 두 개의 나뭇가지가 뻗어 있다. 이 나뭇가지에 여행객들은 너도나도 할 것 없이 올라가서 물속으로 뛰어든다. 필자는 어린이 시절 마을 어귀에 위수강이 있어 물놀이를 많이 한 덕분에 수영에는 자신이 있는 사람이다. 그래서 남들은 윗가지 나무에 오르지 못한 곳을 자진하여 올라가서 물속으로 뛰어들었다.

주변에 모든 외국인 관광객들은 함성과 함께 힘차게 박수를 친다. 그러나

Elephant Festival

Laos

코끼리 트레킹(출처 : 라오스 엽서)

다이빙 실력이 부족해서 머리부터 입수하지 못하고 발부터 먼저 입수를 했다. 물 위로 떠 오르는 순간 수면과 궁둥이의 마찰로 인해 궁둥이가 따끔거리며 통증을 유발한다. 그리고 이웃에는 넓고 넓은 잔디 위에 노랑머리 외국인 여성들이 수영복 차림으로 일광욕을 즐기고 있다. 해변도 아니고 고요한 산골짜기에 수영복 차림의 풍경은 다채롭기도 하다.

다른 하나는 쏭강에서 하루를 즐길 수 있는 카약킹이다. 강바닥이 평탄하므로 유속이 느리고 수심이 얕아서 초보자들도 카약을 즐기기에 좋은 입지조건을 갖추고 있다. 그래서 간단하게 노를 젓는 방법, 배 방향을 돌리는 기술 등을 이수하고 점심시간을 제외한 온종일 카약킹 투어를 했다. 그 어느 물놀이와도 비교할 수 없을 정도로 즐거운 시간이었다.

카약킹

황금빛이 나는 불상의 도시 루앙프라방(Luang Prabang)은 라오스 고대 왕국의 수도였다. 현지 가이드의 말을 빌리자면 루앙프라방은 19세기 초 프랑스의 점령 지배로 인해 식민지풍의 건축물과 아름다운 황금빛 사원이 고스란히 남아있는 도시이며 도시 전체가 1995년 유네스코 세계 문화유산에 등재되었다고 한다.

도심 속의 골목골목마다 이국적이고 낭만적인 풍경에 여행자들은 자신도 모르게 마음마저 도심 속에 푹 빠지고 만다. 그러나 뭐니 뭐니해도 라오스 여행에서 제일 기억에 남는 것은 탁발식이다. 루앙프라방의 아침은 주민들이 승려들에게 공양을 올리기 위한 발걸음과 승려들이 사원 주변의 도로에서 탁발을 하기 위해 일렬로 나열해서 걸어가는 발걸음이 서로 마주칠 때부터 시

탁발식(출처 : 라오스 엽서)

작된다고 보면 된다. 유독 루앙프라방은 라오스 전국에서 탁발 의식이 제일 많은 곳이다. 왜 그런가 하면 루앙프라방에는 유네스코가 지정한 34개의 사원이 있고, 이곳저곳에는 수천 명의 승려가 수도를 하고 있기 때문이다. 그래서 필자도 장난삼아 승려들 틈에 끼어 탁발식에 참여했다.

주민들은 아무 말 없이 필자에게도 공양을 올린다. 그러고 나서 필자는 공양을 이웃 주민에게 올리고 아침 시장이 열리는 재래시장으로 향했다.

캄보디아 Cambodia

캄보디아(Cambodia)는 인도차이나반도 남부에 있는 공화국이다.

국토의 중앙부는 메콩강 하류의 넓은 평원으로 전 국토의 4분의 3을 차지하며, 그 주변에는 낮은 산지가 이어져 있다. 전형적인 열대 계절풍 지역으로 남서 계절풍이 부는 5~10월은 우기이고, 1~4월에는 북동 계절풍의 영향으로 건조하다. 국민의 대부분이 크메르족이며 불교를 믿는다. 예로부터 농업에만 의존해온 나라로 쌀과 고무를 비롯하여 옥수수, 바나나, 담배 등이 재배되고 산지에는 목재가 많이 생산된다. 지하자원은 콩풍솜 부근에 철광석 산지가 있을 뿐 아주 빈약하다. 1945년 프랑스로부터 독립하여 캄보디아 왕국이 되었으나, 1970년에 정변이 일어나 크메르공화국이 되었다. 1976년에 공산화가 되어 민주캄푸치아 정부가 들어섰으나, 1979년에 다시 공산국가 베트남의 지원을 받은 캄푸치아 인민공화국이 세력을 잡아 내전이 계속되다가 오늘에 이르고 있다.

캄보디아의 국토 면적은 18만 1,035km^{2}이며, 인구는 1,694만 4,830명(2023년 기준)이다. 수도는 프놈펜(Phnom Penh)이고, 공용어는 크메르어

앙코르와트 바이욘사원

를 사용한다. 종교는 불교(95%), 이슬람교(2%), 기독교(0.3%) 순이다. 시차는 한국시각보다 2시간 늦다. 한국이 정오(12시)이면 캄보디아는 오전 10시가 된다. 환율은 한화 1만 원이 캄보디아 약 30,810리엘로 통용이 되며, 전압은 230V/50Hz를 사용하고 있다.

앙코르와트(Angkor Wat)는 이탈리아와 로마를 따로 분리해서 이야기할 수 없는 것처럼 캄보디아 역시 앙코르와트와 따로 떼어놓고 이야기할 수 없다. 캄보디아 여행을 계획하면 앙코르와트 유적을 제외한 여행지는 있을 수 없다. 그래서 수도는 프놈펜이지만 여행의 최대 거점은 시엠립(Siem Reap)이다. 왜냐하면 씨엠립은 크메르제국의 옛 수도인 동시에 앙코르와트를 가까

앙코르와트 정문(출처 : 캄보디아 엽서)

운 이웃에 두고 있기 때문이다. 그래서 지금은 앙코르와트 관광객들로 인해 숙박 시설, 음식점 등으로 나날이 관광의 도시로 발전하고 있다.

앙코르와트는 크메르제국의 수리야 바르만 2세(재위 1113~1150년)의 힌두사원이다. 그는 크메르제국의 최고 위대한 왕으로 전해오고 있다. 수리야바르만은 오늘날 라오스, 태국, 베트남 중부, 말레이반도에 이르기까지 영토를 확장한 인물이며, 거대한 앙코르와트 유적을 남긴 군주이다. 앙코르와트는 가로 1,500m, 세로 1,300m의 크기로 총면적은 2km²에 이르며 해자와 성벽으로 둘러싸여 있어 사원이라기보다는 제국의 황제 왕궁을 연상하게 한다.

해자의 폭이 200m에 이르며 씨엠립 강가에 흐르는 강물을 끌어들여 해

앙코르와트 전경(출처 : 캄보디아 엽서)

자를 가득 채우고 있어 지금도 해자를 건너야 앙코르와트 유적을 관람할 수 있다.

유적지의 입구는 방향에 따라 고푸라(탑문)를 세워 동문, 서문, 남문, 북문 등으로 4대 문을 두어 출입이 가능하게 하였다.

고고학자들은 앙코르와트 건축물을 두고 기술적인 역량과 내용적인 구조, 섬세한 조각 솜씨, 구조적인 보존상태 등은 힌두사원은 물론이고 세계적인 다른 종교사원들과는 비교를 거부하며, 그들은 모두가 앙코르와트 건축물의 기초에 불과하다고 입을 모으고 있다. 그리고 너무나 많은 유적이 산재해 있어 앙코르와트에 전문가가 아니면 여행자들에게는 절에 가서 봉사가 단청 쳐다보는 격이 될 수 있다. 그래서 지역마다 상세한 내용은 여행자나 독자들의 역량에 맡기기로 한다.

앙코르와트를 효율적으로 관람하기 위해서는 다음 몇 가지를 소개해 본다. 앙코르와트의 유적지는 열대지방으로, 낮에는 무지막지하게 덥다. 더구나 사원 내에는 우거진 숲이 없어 더위를 피하는 데 고충이 따른다. 그리고 앙코르와트는 캄보디아의 독보적인 관광지에 속한다. 그로 인하여 하루에 5,000~6,000여 명의 관광객들이 동시다발적으로 구름처럼 물밀 듯이 밀려온다. 이를 다소나마 피하기 위해서는 오전에 일찍 8시경에 출발해서 앙코르톰(크메르제국의 마지막 수도, 자야바르만 7세의 불교사원)이 있는 동문을 이용해서 출입하고, 오후에는 15시경 출발해서 앙코르와트 정문이라고 할 수 있는 서문을 이용해서 관람하는 것이 더위와 많은 인파를 피하고 관람의

북한 아리랑 공연단 여성들

만족도를 높이는 데 효과적이 방법이라 생각된다.

우리 일행들은 현지 가이드와 필자의 합의로 오전 8시에 씨엔립에서 출발하여 동문을 이용해서 관람하고, 점심은 씨엔립으로 이동해서 북한 주민이 영업하는 식당에서 점심을 먹었다.

그리고 점심 식사 후 이벤트로 북한 아리랑 공연단 무용수들이 공연하는 무용과 노래를 겸한 공연을 관람하고, 15시경에 출발해서 앙코르와트의 정문이라고 할 수 있는 서문을 이용해서 관람하였다.

이날이 바로 2007년 4월 9일이었다.

그리고 씨엔립으로 이동해서 에어컨이 있는 카페에 들러서 따끈따끈한 커

수상마을

피를 모두가 한 잔씩 마시며 하루 일정을 마무리했다.

다음날 호텔에서 조식 후 수상마을로 이동했다. 수상마을은 우리나라 6 · 25 전쟁 후 피난민들이 모여 사는 판자촌처럼 허름하고 열악하기가 그지없다.

한 가지 기억에 생생하게 남아있는 것은 수상마을에서 이 집 저 집 이동할 시에 뗏목도 이용하지만, 수영으로도 할 수 있다. 한쪽 팔이 팔꿈치밖에 없는 10세 정도 되는 어린아이가 수영을 하면서 "원 달러, 원 달러"를 외치며 구걸하는 모습은 그냥 지나칠 수가 없어 2달러를 쥐어주고 헤어지는 모습은 지금도 눈에 선하다.

타이 Thailand, 태국

타이(태국, Thailand)는 인도차이나반도 중앙부에 있는 입헌군주국이다. 태국(泰國)이라고도 한다. 국토는 북부의 산악지대, 동북부의 고원지대, 중앙부의 메남강 유역 평야 지대, 남부의 말레이반도 지협 지대 등 크게 넷으로 나뉜다.

메남강 하류에는 드넓은 삼각주가 형성되어 세계적인 곡창지대를 이룬다. 열대 계절풍 기후대에 속한 타이는 건기와 우기가 뚜렷하다. 종족구성은 인구의 90%를 차지하는 타이족을 비롯하여 크메르족, 말레이족, 중국인 등으로 이루어져 있으며 불교가 국교로 정해져 있다.

국민의 70% 이상이 농업에 종사하며 수출액의 반 이상을 농산물이 차지한다. 쌀이 주산물이며 삼모작도 가능하다. 그밖에 옥수수, 사탕수수, 고무, 바나나, 파인애플 등이 많이 재배된다. 텅스텐, 철, 망간 등의 광물자원도 풍부하다.

1932년에 전제군주제에서 입헌군주국으로 바뀌면서 나라 이름을 시암에서 타이로 바꾸었다. 북쪽으로는 미얀마와 라오스를 국경으로 접경하고 있으며, 동쪽으로는 라오스와 캄보디아를 접하고 있다. 남쪽에는 타이만과 말레이시아가 있고, 서쪽에는 안다만해에 면한다.

태국은 동남아시아에서 서양의 열강들에 의해 식민지화가 되지 않은 유일한 국가이다. 물론 서양 열강들에 의해 수많은 불평등 조약을 맺었고 영토도 많이 빼앗겼으나 가까스로 주권을 지키는 데만은 성공하였다. 고대로부터 수코타이 왕국 54년, 란나 왕국 50년, 아유타야 왕국 350년, 톤부리 왕국 15년, 짜끄리 왕조 242년이 지속되어 현재에 이르고 있다.

국호는 타이(Thai), 태국(泰國), 타일랜드(Thailand) 그리고 3개의 언어를 사용하고 있다. 타일랜드는 영어권에서 사용하고, 태국은 타이를 한자 '태(泰)'로 발음하여 태국이라고 한다. 그 외 세계 여러 나라에서는 타이를 사용하고 있다.

국토 면적은 51만 3,120km^{2}이며, 인구는 7,180만 1,300명(2023년 기준)이다. 수도는 방콕(Bangkok)이고, 공용어는 타이어를 쓰고 있다. 종교는 불교(95%), 이슬람교(4%), 기독교(1%) 등이 있다.

시차는 한국시각보다 2시간 늦다. 한국이 정오(12시)이면 태국은 오전 10시가 된다. 환율은 태국의 1,000바트가 한화 약 37,300원으로 통용된다. 전압은 220V/50Hz를 사용하고 있다.

현재의 방콕은 1782년부터 왕도로 출발했다. 타이만으로 흐르는 차오프라야강이 남북으로 S자를 그리며 작은 마을로 출발, 고대도시로서 성장하여 현재에 이르고 있다. 그 배경에는 1782년 라마 1세가 민심 수습을 위하고 왕권을 강화하기 위해 수도를 차오프라야강 서쪽에서 동쪽으로 옮기면서 지속적인 발전과 성장이 이루어졌다.

그 당시에는 실제 국왕이 머무르는 공식 관저로 왕실 주거용 건축물과 국가행정부 요인들의 집무실과 사무실 등으로 이루어진 궁전이었다. 그리고 왕궁 입구에는 눈에 띄는 동상들이 있는데, 이는 태국 건국신화에 나오는 수호신으로 쑤크립이라고 부른다. 황금빛으로 거대한 둥근 탑은 부처의 사리(뼈)를 보관하고 있으며 프라씨 랏따라 쩨다라고 한다. 그리고 왕의 주거지(보르마비만 마하 쁘라쌋), 국가적인 행사에 이용하는 공관(프라 미하 몬티안), 접견 및 연회장(짜그리 마하 쁘라쌋), 왕실 전용 납골당(두씻 마하 쁘라쌋) 등이 있다.

왓포사원(출처 : 태국 엽서)

우리 일행들이 제일 먼저 도착한 곳은 왓포사원이다. 왓포사원은 방콕에서 제일 크고 오래된 사원으로 태국에서 가장 큰 와불이 있는 사원이기도 하다. 그리고 왓프사원에는 여기저기에 산재해 있는 소형 불탑들이 관광객들의 이목을 집중시킨다. 이 불탑들은 모두가 다름이 아닌 납골당이다. 태국 국민은 절대다수가 불교를 믿고 있으며, 사망 시에는 모두가 화장을 하고 이곳 불탑 속에 안치하고 있다.

소형 불탑

불탑 하단에는 유골을 안치한 흔적으로 시멘트를 발라놓은 곳이 있으며, 간혹 죽은 자의 사진을 코팅해서 외부에 부착해 놓은 곳도 볼 수 있다. 그리고 왓포사원에는 한국인 가이드들은 법적으로 사원에 출입할 수가 없다.

그래서 현지인 여성 가이드가 유창하지 않은 한국말로 서투르게 하는 짤막짤막한 설명은 간혹가다가 웃음을 자아내기도 한다.

이 소형 불탑들이 있는 곳을 지나면 태국에서 가장 큰 와불사원이 나타난다. 이 와불상의 크기는 길이가 46m이고, 높이가 15m에 이르며, 와불상 좌대에는 라마 1세의 유골이 안치되어 있다고 한다. 또한 와불상의 발바닥은 자개를 이용하여 삼라만상을 뜻하게 하고, 108번뇌를 표현하였다고 한다.

와불상과 와불상 발바닥

그리고 불탑 뒤로 돌아가면 놋쇠 항아리 108개가 줄을 지어 있으며 항아리 안에는 동전이 소복하게 쌓여 있다. 이곳에 동전을 넣으면서 모두가 기도하고 소원을 빌고 있다.

이 대형 와불상은 부처님이 열반에 든 모습을 형상화한 모습이며, 와불사원을 출입할 시에는 반드시 신발을 벗고 신발 또한 주머니에 넣어 손에 들고 다녀야 한다. 이것은 부처님을 찾아가는 예의이며, 일명 '동입서출'로 동쪽으로 들어가서 서쪽으로 나온다는 뜻이며, 모든 사찰의 대웅전을 출입하는 법도이기도 하다.

그리고 바로 이웃에는 왕실 전용 사원인 에메랄드사원(왓 프라깨우)이 있다. 에메랄드사원이 유명한 이유는 에메랄드 불상이 모셔져 있기 때문이다. 15세기 치앙마이 어느 사찰에서 발견 당시 부처의 불상에서 에메랄드빛이 흘러나와 그로부터 에메랄드 불상이라고 불리게 되었다고 한다. 실제로 에메랄드사원의 불상은 에메랄드가 아닌 녹색으로 이루어져 있다.

왕궁(출처 : 태국 엽서)

새벽사원

새벽사원 야경

새벽사원(출처 : 현지 여행안내서)

왕궁에서는 신성시되는 불상으로 국왕이 직접 관리하며 계절마다 옷을 갈아 입히는 예식도 이루어진다고 한다. 그리고 방콕을 방문한 여행자들이 꼭 가서 봐야 하는 사원이 하나 더 있다. 다름 아닌 새벽(왓아룬)사원이다. 왓포사원, 왕궁, 에메랄드사원, 새벽사원 등은 방콕의 필수 관광코스라고 해도 과언이 아니다.

새벽사원을 가려고 하면 왕궁으로부터 차오프라야강의 건너편에 있으므로 보트를 타고 강을 건너야 한다. 소요 시간은 약 20분 정도 이동하면 된다. 차오프라야강을 거슬러 올라가면 강가에는 수상가옥들이 즐비하게 늘어서 있다. 수상 보트가 활성화되고 생활화되어있어 왕궁과 에메랄드사원에서 새벽사원으로 이동하는 대부분의 관광객은 보트를 타고 이동하지만 현지인들도

차오프라야강 유람선

자주 이용하고 있다.

새벽사원은 크메르 양식의 불교 사원이다. 방콕의 사원 가운데 가장 높이 솟아있는 탑으로 인해 저녁이 되면 불이 들어오고 어둠 속에서 반짝이는 조명으로 인해 강 건너 왕궁 쪽에서 바라보면 너무나 아름다운 새벽사원(왓아룬)의 뷰를 즐길 수 있다. 파리의 센강에서 보는 에펠탑의 야경과도 비교

가장 인기있는 페러세일링

파타야

해 볼 수 있다. 가이드 설명에 의하면 건립 당시에 라오스 비엔티안의 정복으로 전리품인 에메랄드 불상을 가져다 놓아서 더욱더 유명하다고 한다. 방콕여행은 모든 물가가 저렴하므로 배낭여행 및 자유여행도 좋지만 무더운 날씨에 입장권 구매와 줄서기 등을 고려할 때 가이드가 딸린 패키지여행도 고려해 볼 만하다.

파타야(Pattaya)는 방콕에서 남동쪽으로 약 150km 떨어진 타이만의 동쪽 해안에 위치하고 있다. 가이드의 설명에 의하면 파타야는 예전에는 왕실의 여름별장이 있는 한적한 마을에 불과했지만, 1960년 베트남 전쟁으로 인해 미군이 본격적으로 전쟁에 개입하기 시작한 후 파타야 남쪽에 미군의 공군과 해군 기지가 들어섰다. 그로 인하여 아름다운 해변이 갑작스레 미군 병사들의 휴양지로 변하였다.

그러나 베트남 전쟁의 종결로 인해 휴양지는 사양길로 접어들었다. 더구나 미군 병사들이 남기고 간 홍등가 지역은 피폐 직전에 이르렀다. 그리하여 정부와 주민들은 적극적으로 재개발 운동을 펼쳐 지금은 동아시아와 동남아시아 등에서 밀려오는 관광객들로 인해 새로운 관광지로 변해 도약과 번영의 길을 걷고 있다.

주로 화려한 신개발 비치 리조트를 비롯한 다양한 해양 스포츠와 물놀이 등은 관광객들에게 많은 사랑을 받고 있다. 그래서 지금은 방콕을 여행하게 되면 대다수 관광객이 파타야를 함께 여행하는 추세다.

푸켓(Phuket)은 태국의 남쪽 지방에 있는 동남아시아의 진주라고 불리는 섬이다. 방콕으로부터 약 920km의 거리에 있으며 비행기로 약 1시간 30분이 소요되는 남국의 섬이다.

푸켓 해변

푸켓이 본격적으로 각광을 받게 된 동기는 1992년에 사라신다리(Sarasin Bridge)가 건설되면서부터다. 특히 육로로 통행할 수 있게 되면서 본격적으로 비치 리조트와 고급 호텔들이 진출하기 시작하여 안다만해에 접해있는 해변들이 활기를 띠기 시작했다.

대부분 해변이 수심이 얕아 해양스포츠와 수영과 물놀이 등으로 레포츠를 즐기는 천국이 되었다. 우리나라에서도 대한항공과 아시아나항공 등의 직항이 개설되어 많은 관광객이 왕래하고 있다.

백색사원(왓롱쿤)은 치앙마이에서 약 180km 떨어진 치앙라이에 소재하고 있다. 이 사원은 치앙라이 출신 아티스트 찰름차이 코싯피팟(Chalermchai Kositpipat) 교수가 1997년에 디자인한 사원이라고 한다.

백색사원

우측이 윤회의 다리

순백색으로 디자인한 이유는 부처의 청결함을 나타내기 위함이고, 듣기보다는 실제로 현장에 가서 보면 훨씬 더 예쁜 백색사원이다. 햇빛에 비치면서 반짝반짝거리는 전경은 눈에 넣어도 아프지 않으리라 생각된다. 사원이 온통 하얗기 때문에 기념사진 촬영 시에 대비되는 순색 빨, 주, 노, 초 파, 남, 보 계열의 옷을 입으면 사진이 더욱더 예쁘게 나오리라 믿어진다.

윤회의 다리는 수많은 양손이 하늘을 향하고 있다. 이는 지옥을 뜻하는데 한 명씩 건널 수 있는 이 좁은 다리는 어차피 인생은 혼자서 빈손으로 태어나 갈 때도 혼자서 빈손으로 가기 때문에 작가의 수준 높은 디자인이라고 칭찬하고 싶다.

이웃 마을에 있는 청색사원은 백색사원을 디자인한 찰름차이 교수의 제자

청색사원

가 만든 작품이며 기본적인 태국 전통양식을 갖추고 있는 불교사원이다. 사원이 온통 청색이기 때문에 청색에 대비되는 색으로 옷을 입어야 기념 촬영 시 아름답고 우아한 자기의 모습에 만족감을 느낄 수 있다. 그리고 이곳은 전통적인 불교사원으로 인해 부처님에게 참배하는 사람, 사원을 구경하는 사람, 기념사진을 촬영하는 사람, 기념품 가게에서 기호품을 사는 사람 등으로 복잡한 시장통을 방불케 하는 사원으로 기억된다.

태국 치앙라이를 대표하는 골든 트라이앵글은 예전에 마약의 온상지대로 인해 악명높은 삼각지대이다. 메콩강을 사이에 두고 미얀마와 라오스가 국경을 접하고 있고, 여기에 태국이 가세하여 3국이 서로 마주 보고 있는 지역이다. 일찍이 마약이 대량으로 생산되어 전 세계에서 골든 트라이앵글(황금의

메콩강

삼각지대)이라는 이름으로 악명을 떨쳤다. 국가에서 마약을 단속해도 태국에서 마약을 단속하면 마약을 라오스나 미얀마로 옮기고, 미얀마에서 마약을 단속하면 마약을 태국이나 라오스로 옮겨가기 때문에 단속은커녕 오히려 마약 업자들의 간만 키우는 꼴이 된다.

이것을 가리켜 세계인들에게 귀에 솔깃한 골든 트라이앵글이라고 한다. 몇 해 전에 이곳에 마약 재료관이 문을 열었고 메사이강에서 메

메콩강 골든 트라이앵글 지역

콩강으로 합류하는 지점에 골든 트라이앵글의 기념비가 세워졌다.

그 자리에는 전망대가 있으며, 그곳에서는 3국을 한눈에 바라볼 수 있어 기념 촬영 장소로 유명한 명소가 되었다. 그리고 몇 해 전에만 해도 이곳에서 3국을 오가는 여행 코스가 있었지만, 미얀마 국내정세의 불안으로 일정이 취소되었다.

치앙마이 로얄라차 프록은 태국의 9대왕의 60세(환갑) 생일을 맞이하여 조성된 국가정원이다.

이름은 태국의 국화 라차프록에서 따온 이름이라고 한다.

2011년 국제 원예박람회를 개최할 정도로 넓고 넓은 정원에 다양한 꽃들이 지역마다 종류별로 단지를 조성해서 식재되어 있다. 매시간 15분 간격으

로얄라차 프록

로얄라차 프록

로 전동차가 운행되고 있어 고생스럽게 걸어서 다닐 필요는 없다. 지나가는 골목이면 어느 곳이라도 손을 들면 세워 준다. 느긋한 마음으로 자주 전동 카를 이용하며 소풍 가는 심정으로 주어진 시간을 즐기다 보면 꽃밭에서는 진한 향기가 관광객들의 꼬리를 물고 향기를 풍기며 따라 다닌다.

코끼리 트래킹

소설이나 영화에서나 볼 수 있는 정글 속의 타잔이 된 기분을 만끽하는 코끼리 트래킹은 보통 코끼리 사파리라고 부르기도 한다. 코끼리

코끼리 레프팅

황소 트래킹

등에 오르면 지상보다 매우 높아서 전망이 아주 좋다. 2인 1조가 되어 코끼리 조련사의 지시에 의해 트래킹 루트를 따라 고지대와 저지대를 번갈아 가면서 30분간 트래킹을 한다. 그리고 흘러가는 강물을 따라 30분간 레프팅에 도전한다. 말 못 하는 짐승 코끼리이지만 수심이 낮은 곳과 유속이 느린 지역을 잘 골라서 무리 없이 일정을 마무리하는 코끼리가 신기하기도 하지만 바보 같은 사람보다 더 총명하다고 칭찬을 아끼지 않았다.

황소 트래킹은 일명 불 사파리라 부르기도 한다. 좌석으로 개조한 적재함에 4인이 한 조가 되어 조련사의 지시에 따라 정해진 루트를 왕복 한 시간에 걸쳐 저지대와 고지대를 오가며 즐기는 황소 트래킹이다. 황소 트래킹의 좌석도 지상보다 위치가 매우 높고 전망이 좋아 사진 촬영으로 많은 재미를 볼

뗏목 레프팅

수 있다.

뗏목 레프팅은 흐르는 강물에 뗏목을 촘촘하게 엮어서 그 위에 3명이 한 조가 되어 앞뒤로 1조, 2조, 3조가 나란히 앉아서 산천을 유람하는 일정이다. 전방과 후미에 숙련된 사공 2명이 흐르는 강물 따라 노를 저어 강바람과 함께 풍기는 운치는 "낙동강 강바람에"라는 노래가 저절로 나온다. 상류에서 하류까지 이동을 한 뗏목은 정박 후 손님들은 내리고, 뗏목은 트럭에 실어서 상류로 이동하는 일명 뗏목 레프팅이다. 소요 시간은 편도이기에 약 30분 정도 걸린다.

코끼리 쇼는 1일 3회에 걸쳐 공연하는 까닭으로 공연장에는 그라운드와 계단식으로 이루어진 관람석이 마련되어 있다. 시간이 되면 코끼리들이 환영

코끼리 쇼

한다는 문구를 코로 들고 입장을 한다. 그리고 온갖 재주를 부리며 관람객들에게 기쁨을 선사하고 박수를 받는다.

특별하게 기억에 남는 것은 조련사의 지시에 의해 축구공을 강슛으로 날리는 코끼리와 이것을 방어하는 골키퍼 코끼리 등은 정말로 재미가 있다. 그리고 더욱더 놀라운 것은 코끼리도 화가가 있어 코끼리가 그림을 그린다.

사람보다 더 잘 그린다. 혼자서가 아니고 조련사가 옆에서 조수 역할을 한다. 조수가 하는 일은 처음에는 코끼리 코에 붓을 가져다준다. 그리고 물감을 대령한다. 코끼리가 나뭇잎을 그리면 초록색 물감을, 코끼리가 나뭇가지를 그리면 검은색을 대령한다. 약 30분에 걸쳐 그림을 완성한다. 그리고 필자는 코끼리가 그린 그림을 즉석에서 촬영하여 이렇게 책에 실을 수가 있었다.

치앙마이 시내 북서쪽에 우뚝 솟아있는 스텝산 중턱에 자리 잡고 있는 왓프라탓 도이수텝사원은 해발 1,046m의 산속에 자리 잡고 있으며, 309계

그림그리는 코끼리와 코끼리가 그린 그림

도이수텝사원

단을 올라가야 황금빛으로 빛나는 대불탑을 만날 수 있다. 이 불탑에는 유일하게 코끼리가 운반해 왔다는 부처님 사리가 보관되어 있다고 한다. 거동이 불편하여 계단을 올라가기 어려운 관광객들은 케이블카와 엘리베이터를 이용하면 신속하고 편리하게 올라갈 수 있다. 그리고 태국사람들은 꽃과 향 그리고 양초를 들고 경을 읽으

대불탑

며 주위를 세 바퀴 돌면서 참배를 한다고 한다.

그 이유는 처음 한 바퀴는 부처님을 위한 것이고, 두 번째는 전생에 지은 죗값을 사함이고, 세 번째는 스님을 위한 참배라고 한다. 그리고 계단을 살짝 올라가면 치앙마이 시내가 한눈에 보이는 전망대가 있다. 왓 체디루앙(Wat Chedi Luang)은 에메랄드 불상이 모셔져 있는 본당 사원 뒤편에 우뚝 솟은 거대한 벽돌불탑을 이르는 이름이다. 지금의 불탑 높이는 60m이며, 450년 전 대지진으로 반파가 되어 현재까지 붕괴 상태로 보존되고 있다.

왓 체디루앙사원

이 불탑은 란나왕조의 전성기인 15세기 란나 제12대 딸로까랏왕이 세운 사원이다. 건립한 당시에는 높이 90m의 거대한 불탑이었지만, 지금은 높이 3분의 1이 소실된 현재의 모습인 60m를 간직하고 있을 뿐이다. 상단에는 사방으로 돌아가면서 탑문이 있고, 그 안에는 부처님의 금동불상이 모셔져 있다.

미얀마 Republic of the Union of Myanmar

미얀마(Republic of the Union of Myanmar)는 인도차이나반도 서부에 있는 공화국이며, 북서부에는 아라칸산맥, 동부에는 산과 고원이 있어 고원 지대 사이를 이라와디강과 쉘윈강이 남북으로 흘러서 유역 지역에는 넓은 평야를 이루고 있다. 남쪽은 벵골만에 면하고 있으며, 기후는 열대 계절풍 기후를 나타낸다. 주민의 대부분이 미얀마족이고 그 밖에 샨족, 카렌족, 카친족, 몬족 등이 살고 있다. 종교는 다수가 불교를 믿는다. 산업구조는 농업이 주 산업으로 세계적인 쌀 생산국이고 그 밖에 목화, 고무, 콩 등이 생산된다. 석유, 납, 주석 등의 지하자원과 산지에서 생산되는 목재가 풍부하다. 특히 티크 목재는 쌀에 이어 주요 수출품이다.

국토 면적은 67만 6,578km²이며, 인구는 5,457만 8,000명(2023년 기준)이다. 수도는 네피도(Naypyidaw)이고, 공용어는 미얀마어이다. 종족 구성은 미얀마족(68%), 샨족(9%), 카렌족(7%), 카친족(4%), 몬족(2%), 기타(10%) 순이다. 종교는 불교(88%), 기독교(6%), 이슬람교(4%) 등을 믿는다.

시차는 한국시각보다 2시간 30분 늦다. 한국이 정오(12시)이면 미얀마는 오전 9시 30분이 된다. 환율은 한화 1만 원이 미얀마 25,000짜트 정도로 통용된다. 전압은 220V/50Hz를 사용 하고 있다.

미얀마라는 국가 이름을 표현하자마자 제일 먼저 떠오르는 미얀마의 상징이라 할 수 있는 쉐다곤 파고다(Shwedagon Pagoda)인 황금대탑은 높이가 99.36m에 이른다. 그로 인해서 미얀마 제일의 도시 양곤(Yangon)에서는 어디를 가더라도 한눈에 쳐다보이는 자리에 위치하고 있다. 쉐(She)는 미얀마어로 황금이란 뜻이고, 다곤(Dagon)은 언덕이라는 말이다. 그래서 언덕 위의 황금이라는 의미가 담겨 있다. 원래 이 지역은 언덕이 아니고 평평한 지역이었다. 미얀마는 계절의 변화로 우기 때에는 4,000~4,500mm의 많은 양의 비가 내린다. 그래서 비가 오면 침수를 방지하기 위해 먼저 높은 언덕을 조성한 후 쉐다곤 파고다를 건설하였다.

쉐다곤 파고다

그리고 부처님 머리카락의 사리

탑을 세우게 되므로 오늘날 그 유명한 쉐다곤 파고다인 황금대탑이 존재하고 있다고 보면 된다. 현지 가이드의 말을 빌리자면 쉐다곤 파고다의 황금대탑은 1453년 한따와디 왕군의 신소부(Shinsawbu) 여왕이 자신의 몸무게만큼 황금을 보시하여 황금대탑을 세우기 시작했다. 그 후 많은 양의 황금이 보시되어 지금은 탑의 외벽에 부착된 황금판이 8,688개에 달하며, 황금판의 총 무게는 54톤에 이른다고 한다. 그리고 탑 위에 다이아몬드로 구성된 장식물은 높이가 56cm이고, 너비가 27cm 크기에 다이아몬드가 4,351개가 부착되어 있으며, 가운데 큰 다이아몬드는 76캐럿이라고 한다. 그리고 쉐다곤 파고다는 동서남북으로 출입구가 있으며 미얀마 불교도들은 생전에 꼭 한번은 방문해야 자기들의 소원이 이루어진다고 믿고 있어 미얀마인들에게는 전설

내셔널 빌리지

적인 불교의 성지이다.

내셔널 빌리지는 미얀마 여러 소수민족의 집성촌이며 전통 가옥 및 생활 양식을 엿볼 수 있는 곳이다. 내셔널 빌리지의 전망탑에 올라서면 숲속의 도시 양곤의 시내 전경을 한눈에 바라볼 수 있어 외국인 여행객들이라면 누구나 한 번씩 다녀가는 곳이라 할 수 있다.

깐도지호수공원은 쉐다곤 파고다 동쪽 출입문 방향에 인공으로 조성된 호수공원이다. 이 호수는 둘레가 약 4km이며 산책로를 따라 한 바퀴 거닐어 보면 시간은 한 시간 정도 소요된다. 아름답게 꾸며진 호수공원은 잘 가꾸어진 나무들과 주변의 레스토랑과 카페 등으로 인해 아침저녁으로 산책하기에 너무나 좋으며 젊은 청춘 남녀들의 데이트 장소로 많이 이용되고 있

깐도지호수공원

키아이크티요 바위 파고다(출처 : 현지 우편엽서)

다. 그리고 이곳에는 미얀마 독립운동의 영웅인 아웅산 장군의 동상이 있는 곳이기도 하다.

양곤에서 동쪽으로 바다 건너 키아이크티요(Kyaiktyo), 즉 미얀마어로 짜익띠유산 정상의 절벽에 걸려 있는 바위 파고다는 부처님의 머리카락 사리가 보관되어 있는 파고다이다. 양곤의 쉐다곤 파고다와 똑같은 머리카락 사리를 모시고 있다고 해서 죽기 전에 단 한 번이라도 순례를 해야 자기 소원이 이루어진다는 전설에 의해 많은 불교 신도들이 앞을 다투어 찾아가는 곳이다. 바위 파고다는 수십 미터의 절벽 위에 아슬아슬하게 걸려 있는 바위이며, 바위 정상에는 조그마한 파고다가 부처님의 머리카락 사리를 보관하고 있다. 많은 순례자가 소원을 빌면서 시주차원에서 금박을 하나씩 붙인 까닭으로 지금은

짜욱따지 와불

빈자리가 하나도 없어 황금 바위라고 불리고 있다. 그래서 바위 파고다가 아닌 새로운 이름 '황금바위 파고다'라는 이름을 얻었다.

짜욱따지 와불은 미얀마에서 두 번째로 큰 와불이다. 현지 가이드의 설명에 의하면 1973년에 보수 공사를 하면서 길이와 너비가 조금씩 늘어났다고 한다. 현재 이 와불의 길이는 65.85m이고, 너비는 18.62m이다. 이 와불은 지금으로부터 약 2,000년 전에 벽돌로 기초를 다지고 그 위에 회반죽으로 외부를 장식하고 또 그 위에 유약을 발라 와불을 완성한 것이라고 한다. 지금의 이 와불은 마불로 만든 인형에 가깝지만, 길이가 65.85m라는 거대한 와불로 인해 보는 이로 하여금 감탄을 자아내게 한다

와불 발바닥에는 108가지의 문양이 새겨져 있는데, 이는 욕계, 색계, 무색

까바예 파고다

계를 나타낸다고 한다. 와불사원 안에는 각국에서 수행차 다녀간 불교 신자들이 보시한 이력으로 금액과 이름이 적혀있는데 한글로 된 한국인 이름도 가끔 눈에 띈다.

까바예사원은 미얀마의 모든 종교를 관할하는 대종교 사원이다. 양곤 시내에서 북쪽 방향에 있는 인야호수 위쪽에 자리 잡고 있다. 현지 가이드의 설명에 의하면 까바

유리벽 안쪽의 부처님의 목련존자, 사리불존자의 진신사리

예사원에는 인도 산치대탑에서 영국의 고고학자 알렉산더 커닝험이 발굴한 부처님의 목련존자, 사리불존자의 사리가 모셔져 있다고 한다. 인도가 독립과 동시에 영국으로부터 반환받은 것을 미얀마의 초대수상 우누가 인도 정부에 간곡히 요청해서 일부를 배정받았다고 한다. 이로 인해 사원 방문자는 유리 벽 안쪽 보관함에 있는 부처님의 목련존자, 사리불존자의 진신사리를 직접 친견하기 위해 모두가 줄을 지어 순서를 기다려야 한다.

만달레이(Mandalay)는 미얀마에서 양곤에 이어 두 번째로 큰 도시이다.

제1의 도시 양곤은 남쪽 해안가에 위치하고 있고, 만달레이는 국토의 정중앙에 위치해 있다. 그러나 북쪽 지역은 모두가 산악지역으로 인구가 거의 없는 지역이다. 이것을 감안하면 만달레이는 통상적으로 미얀마의 북쪽 지역이라고 불린다.

만달레이 신뿌미 파고다(출처 : 현지 우편엽서)

만달레이 인레호수(출처 : 현지 우편엽서)

현지 가이드의 설명에 의하면 1859년 민돈왕이 만달레이에 왕궁을 짓고 도시를 건설하기 시작하였으며 1861년 예전 도읍지였던 아마라프라에서 인구 15만 명을 이끌고 만달레이로 천도를 했다고 한다. 그러나 불행하게도 천도를 하고 얼마 지나지 않아 영국에게 나라를 빼앗기고 식민지가 되었다. 그래서 영국 식민지 시절에 왕궁을 중심으로 계획된 도시로 개발을 하여 시내에는 바둑판처럼 사방으로 도로가 나 있다. 마지막 왕조가 머물던 역사적인 도시이기에 사방팔방으로 많은 유적지가 산재해 있으며 현재 만달레이의 인구는 100~120만 명 정도로 추산된다. 만달레이는 양곤에서 북으로 716km 떨어져 있는 관계로 양곤과 만달레이를 함께 여행하려면 최소 7박 8일 정도의 시간적 여유가 있어야 한다. 미얀마 여행은 제1의 도시인 양곤이 주축을 이루지만 만달레이 역시 빼놓을 수 없는 여행지에 속한다.

말레이시아 Malaysia

말레이시아(Malaysia)는 말레이반도와 보르네오섬 북부에 걸쳐있는 입헌 군주국이다. 말레이반도 남부를 차지하는 서말레이시아와 동말레이시아(보르네오섬의 북부)의 사라와크 및 시바지구로 이루어진 연방국가이다.

해안평야 외에는 국토 대부분이 고산지대로 정글을 이루고 있다. 기후는 기온이 높고 비가 많이 오는 열대우림 기후이다. 국민의 45%가 말레이인으로 주로 농촌에 살며 중국계 화교가 34%를 차지하고 있는데 대개 도시에 산다. 그 밖에 9% 정도의 인도계와 소수민족이 살고 있다.

종교는 말레이인은 이슬람교, 중국계는 유교와 불교, 인도계는 힌두교를 믿는다.

16세기에 포르투갈에 이어 네덜란드, 1786년 영국이 진출하여 1914년부터 영국령이 되었다. 1957년 영국연방 내의 독립국 말라야 연방이 되었다가, 1963년 말레이시아로 변경되었다. 서말레이시아는 세계에서 첫 번째 가는 고무, 주석 산지이며, 동말레이시아는 석유, 목재 등의 자원이 많다. 철, 보크사이트, 금의 매장량도 상당하다.

육지로는 태국, 인도네시아, 브루나이와 국경을 맞대고 있고, 해상 국경으로는 싱가포르와 베트남, 필리핀과 맞대고 있다. 수도는 쿠알라룸푸르(Kuala Lumpur)이지만 연방정부는 푸트라자야(Putrajaya)에 있다.

말레이시아는 입헌군주국이며, 국가원수인 국왕은 9개 주에 있는 술탄에 의하여 5년에 한 번씩(단, 궐위가 있을 경우 예외) 윤번제 호선으로 선출한다. 군주의 칭호는 양다−퍼르투안아공이며, 지금 군주는 파항주의 술탄 압둘라이다. 수상은 정부의 수장이며, 정부 체제는 웨스트민스터 체제에 가깝고, 법체계는 영국의 헌법에 기초한다.

말레이시아는 민족과 문화가 다양하고 그 다양성이 정치에도 큰 영향을 미친다. 국교는 이슬람이 국교이지만, 헌법상으로 종교의 자유는 인정되고 있다. 그리고 해상으로 싱가포르와 유일하게 다리로 연결되어 있다. 국토 면적은 329,847km²이며, 인구는 3,430만 8,500명(2023년 기준)이다. 공용어는 말레이어이며, 환율은 한화 28,000원이 말레이시아 약 100링깃으로 통용된다. 시차는 한국시각보다 1시간 늦다. 한국이 정오(12시)이면 말레이시아는 오전 11시가 된다. 전압은 240V/50Hz를 사용하고 있다. 말레이시아의 수도 쿠알라룸푸르는 약 250km²의 면적을 가지고 있는 도시로, 말레이어로 '진흙 강이 만나는 곳'이란 뜻이다. 시내를 흐르는 켈랑강과 곰박강이 합류하는 위치에 자리 잡았다고 하여 붙은 명칭이다.

쿠알라룸푸르는 19세기 이전만 해도 동남아시아 정글 중의 하나였다. 그러나 당시 주석 광맥이 발견되어 쿠알라룸푸르로 무역과 주석을 캐는 사람들이 삼삼오오 모여들기 시작하고, 당시에 많은 중국 노동자들이 유입됐다. 이

쿠알라룸푸르

후 열강들의 침략지가 되며 많은 자본이 유입되어 현재의 거대도시로 발돋움했다. 그래서 현재 쿠알라룸푸르의 약 70%는 중국인이다. 또한 말레이시아인들은 쿠알라룸푸르를 줄여서 KL이라 부른다.

레스토랑 킹덤은 말레이시아 현지식이라고는 하지만 사실 중국 음식에 더욱 가깝다. 하지만 중국 음식 특유의 느끼함이 많이 사라지고 담백한 맛이 감도는 음식으로 현지인은 물론 관광객들의 발길을 사로잡고 있다. 한국인의 입맛에도 잘 맞고 향신료도 강하지 않아서 누구나 쉽게 접할 수 있는 음식이다. 레스토랑 킹덤은 중국식 수프인 완탕이 유명한데, 이곳의 완탕은 게살이 많이 들어있고 감칠맛이 돌아 숟가락을 놓을 수 없게 만든다.

말라카는 말레이반도의 남서부에 위치하고 있으며, 해상교통의 중심지 역

말라카해협

할을 하는 항구도시이다. 이곳은 세계에서 가장 오래된 도시로 역사가 가장 깊은 곳이다.

세계문화유산으로 지정된 말라카는 동남아시아 역사의 주요 기점이 된다. 14세기 이곳을 중심으로 이슬람 왕국이 건설되었으며, 말라카해협을 중심으로 국제적인 항구로 발전하였다. 그 후, 2차 세계대전 때 네덜란드, 포르투갈, 영국의 식민지가 되어 다양한 문화유산을 남겼다.

말라카만의 독특한 느낌이 있는 트라이쇼 체험과 말라카해협을 느낄 수 있는 보트투어 그리고 네덜란드광장, 스타다이스, 크리스트교회, 세인트 폴성당, 산티아고 요새, 청훙텡사원 등 다양한 문화 속에 조화롭게 살고 있는 여러 민족의 삶을 느낄 수 있는 곳이다.

청홍텡 중국사원

향수를 일깨우는 곳으로 유명한 차이나타운(China Town)은 말라카강 서쪽의 항 자베트 거리와 툰 탄 쳉 록(Jalan Tun Tan Cheng Lock) 거리에 위치한다.

다른 도시의 번잡한 차이나타운과는 달리 빛바랜 전통 가옥이 향수를 일깨운다. 이 거리는 차가 다니는 일방통행로이므로 교통사고에 유의해야 한다.

쳉홍텡사원은 말레이시아 최고(最古)의 중국 사원(Cheng Hoon Teng Temple, 淸雲)이다. '푸른 구름'이라는 뜻이 있는 절이다. 1646년 중국에서 모든 재료를 가져와서 지은 절로 말레이시아에서 가장 오래된 중국 사원이다. 승복이 우리나라 스님들의 옷차림과 비슷해 더욱 친숙하고 편안한 느낌이 든다.

말라카 시내 중심에 위치한 크리스트교회는 네덜란드 식민통치 시절인 17세기부터 10여 년 동안 건축된 교회로 광장에 들어서면 빨간색 건물들이 서 있는 광경이 인상적이다. 말레이시아 식민지 시절의 전형적인 건축물의 모습을 띠고 있어 네덜란드 건축 양식을 엿볼 수 있다.

말라카 여행의 시작인 네덜란드광장(Dutch Square)은 말라카 관광의 중심부이자 만남의 광장이라 할 수 있다. 시계탑과 빅토리아 분수가 제일 먼저 눈에 띄며, 여행객들을 관광지까지 이동시켜주는 트라이쇼(Trishaw, 삼륜자전거)의 대기 장소이기도 하다. 광장 뒤로는 크라이스트처치가 보이고, 이곳은 네덜란드 식민지 시절에 지어진 교회로 말라카의 랜드마크 역할을 한다. 붉은색의 벽돌 건물이 인상적이다.

말라카의 스타다이스 거리는 스타다이스박물관, 세인트 폴언덕과 크리스트교회, 네덜란드광장, 빅토리아 분수 등을 아우르는 거리를 말한다. 다양한 관광지와 유적지가 있어 볼거리가 풍부하고, 말레이시아의 느낌이 아닌 유럽의 느낌이 물씬 풍기는 곳이어서 더욱 운치가 있다.

트라이쇼라는 자전거 인력거를 타고 차이나타운과 거리를 구경하는 것도 좋은 추억을 만들 기회이기도 하다.

세인트폴교회는 1521년 포르투갈 사람들이 세인트 폴언덕에 예배당으로 건립하였으며, 이후 네덜란드의 식민지 지배를 받을 때부터는 귀족들의 묘소로 사용되었다. 이때부터 '세인트 폴'이란 이름으로 불리게 되었다. 또한 스페인 귀족 출신으로 유명한 선교사 프란시스 자비에르가 중국에서 죽은 후 인도로 이장되기 전에 이곳에 잠시 묻혀 있었던 것으로 유명하다.

교회 앞에는 자비에르 동상이 서 있으며, 말라카해협을 굽어 내려다보고 있다.

말라카해협을 한눈에 볼 수 있는 곳인 산티아고 요새(Porta de Santiago)는 세인트 폴언덕 입구에 있는 낡은 석조물이다. 이곳은 1511년 '파모사'로 불리던 강력한 포르투갈인들의 요새였는데, 네덜란드의 침공으로 폐허가 되었다. 폐허가 된 세인트폴교회가 있는 언덕에 올라서면 말라카해협을 한눈에 볼 수 있다. 맑은 날에는 바다 건너 인도네시아 땅이 시야에 들어오기도 한다.

말라카 리버보트(River Boat)는 약 9km의 말라카강을 따라 보트를 타고 시간을 거슬러 오른 듯 옛 도시의 추억을 그대로 간직한 말라카를 구경할 수

말라카 리버보트

있다. 낮과 밤의 느낌이 달라 언제 타도 즐겁다.

겐팅 하이랜드(Genting Highlands)는 구름 위의 라스베이거스라는 별칭이 붙은 말레이시아의 카지노 리조트 랜드이다.

카지노 리조트 랜드

도박을 금지하는 이슬람 문화를 가진 나라 중의 하나인 말레이시아에서 유일하게 카지노를 운영하는 곳으로 카지노 이외에도 테마파크, 쇼핑, 공연, 스포츠 등 다양한 활동과 즐길 거리를 한곳에서 만끽할 수 있는 곳이다.

창업자인 임오동(林梧桐, 1918~2007)은 중국인이며 말레이시아에서 유명한 재력가이다. 유일하게 카지노를 독점 운영함으로 인해 세계 유수의 관광객들이 구름처럼 몰려오는 곳이기도 하다.

쿠알라룸푸르시에서 북쪽으로 13km를 가면 큰 종유석동굴인 바투동굴(Batu Caves)을 만나게 된다.

이 동굴은 1878년에 발견되었고, 주위에는 100만 년도 더 되어 보이는 지층이 노출되어 있으며 힌두교 성지로 숭배되고 있다. 종유석동굴로 이어지는 272개의 계단이 압권이다. 종교에서 말하는 272개의 죄를 뜻하고 있는 계단을 다 오름으로써, 죄를 사할 수 있다는 믿음으로 힌두교도들의 발길이 끊이지 않는 곳이다.

계단 양옆의 숲에는 토종 야생 원숭이들이 많이 서식하고 있어 또 다른 볼거리를 선사하고 있다.

낭만이 가득한 반딧불 투어는 깨끗한 지역에서만 서식하는 반딧불을 볼 수 있는 특별하고 환상적인 체험이다.

바투 종류석 동굴

반딧불 투어는 셀랑고르(Kuala Selangor) 강변에 위치하고 있는 반딧불공원에서 시작된다. 셀랑고르 강변의 맹그로브 숲에 앉아 있는 반딧불들을 눈앞에서 관찰할 수 있다. 반짝반짝 빛나는 아주 작은 반딧불들이 수놓는 아름다운 밤하늘의 모습은 잊지 못할 추억으로 남는다.

차도르 체험은 이슬람 전통의상인 차도르를 입어볼 수 있는 귀한 시간이다. 차도르는 무슬림 여성들이 외출 시 착용하는 의류로, 온몸에 두를 수 있을 정도로 큰 외투를 말한다. 무슬림 여성들이 외출할 때 입곤 한다. 이 차도르를 체험해볼 수 있는 기회가 흔치 않은데, 쿠알라룸푸르 국립 모스크를 방문한다면, 입구에서 대여해주는 보라색 차도르를 반드시 착용하고 입장해야 하므로 자연스레 체험도 해볼 수 있다.

도시 속의 여유로운 KLCC공원은 페트로나스 트윈 타워 옆에 펼쳐진 공원이다.

주위에 높은 건물들이 있고, 공원 안에는 푸르른 녹음이 우거져 있어 더위를 피하기에는 안성맞춤이다. 산책이나 조깅을 할 수 있는 산책로가 잘 조성되어 있으며, 밤이 되면 화려한 조명과 어우러진 분수쇼도 구경할 수 있다. KLCC 수리아와 가깝기 때문에 쇼핑하는데도 어렵지 않다. KLCC공원은 쇼핑이나 휴식을 즐기려는 관광객들로 가득하다.

별들의 언덕이라 불리는 부킷 빈탕(Bukit Bintang)은 말레이시아 전역을 통틀어 가장 쇼핑하기 좋은 장소로 젊은이들이 많아서 에너지도 넘친다. 특히나 세일기간에 가면 최대 70%까지 저렴하게 살 수 있는 장점이 있는 쇼핑 메카이다.

기념비와 아시아 각국의 이미지를 담은 독립광장인 메르데카광장은 1957년 8월 31일 영국 통치에서 벗어나 처음 말레이시아 국기가 게양된 광장이다.

다타란 메르데카(Dataran Merdeka)는 말레이어로 '독립'이라는 말에서 그 어원을 찾을 수 있다. 쿠알라룸푸르의 비공식적인 중심이라고 일컬을 정도로 메르데카광장은 역사적으로 깊은 의미가 있는데, '파당(Padang)'이라는 이름으로 널리 알려진 광장은 식민지 시대 때 쿠알라룸푸르의 중심이었으며, 말레이 연합지역 행정의 중심지였다.

오늘날에는 국가적인 커다란 규모의 축제 중심지로 사용되고 있다. 광장 주변에 있는 대부분 건물은 18세기 후반에서 19세기 초에 만들어진 것으로,

도시 쿠알라룸푸르 조감도

건축학적으로도 관심을 끄는 지역이다.

쿠알라룸푸르 관광을 시작하면 가장 먼저 들러야 할 곳인 쿠알라룸푸르 시티갤러리는 쿠알라룸푸르를 제대로 여행하고 싶을 때 찾는 곳이다. 도시 정보와 함께 여행에 관한 다양한 정보를 얻을 수 있는 이곳 2층으로 올라가면 쿠알라룸푸르 도시 전체를 축소해 놓은 공간이 있는데 도시의 비전에 대한 영상쇼를 감상할 수 있다. 입구에 세워져 있는 I♡KL 조형물 앞에서 기념 촬영도 꼭 해보라고 권하고 싶다.

말레이시아 국왕(Yang di Pertuan Agong)이 살고 있는 말레이시아 왕궁(Istana Negara)은 2011년 11월 15일 잘란 두타(Jalan Duta)로 이전하였다.

말레이시아 왕궁

말레이시아 왕궁은 쿠알라룸푸르의 서쪽인 부킷 다만사라(Bukit Damansara, Mont Kiara 주변)에 위치하여 클랑강이 내려다보이는 부키드 페탈링언덕에 자리잡고 있다. 왕궁의 품위를 보여주는 아름답게 가꾸어진 정원과 열대수는 장관이다.

이슬람사원

외부인에게 내부를 공개하지 않지만 언제나 기념사진을 찍는 관광객으로 붐비는 이곳은 왕궁에서 국회의사당, KLCC(쌍둥이 빌딩), KL타워 등 쿠알라룸푸르 시내가 한눈에 내려다보이는 곳으로, 기념 촬영은 필수적이다.

국민 신앙의 상징물로 1965년에 완공된 국립 이슬람사원은 유일하게 이교도인을 사원 내부까지 방문을 허가하는 곳으로 이슬람교에 대한 국민의 신앙을 맹세하는 상징물이다.

근대적인 18각 별 모양의 돔과 높이 73m인 첨탑이 특징이며, 18각은 말레이시아의 13개 주와 이슬람교의 5가지 계율을 의미한다.

8,000명을 수용하는 예배당과 대영묘, 도서관, 회의실 등이 있는데, 내부 견학 시 신을 반드시 벗어야 하고, 노출이 심한 옷을 입었을 때는 입구에서

말레이시아 행정 정부청사

가운을 빌려야 한다.

마지막 여행지 말레이시아의 행정 수도 푸트라자야(Putrajaya)는 우리나라 대통령이 세종신도시를 건설하기로 마음을 먹은 것도 이곳을 벤치마킹한 것이라고 한다.

길가의 가로등도 같게 하지 말라는 정책하에 지금의 아름다운 도시로 태어났다. 아직은 사람이 많지 않지만, 건물이 화려하고, 이슬람 문화가 물씬 느껴지는 곳이다.

KLIA 쿠알라룸푸르 국제공항과 인접해 있어 쿠알라룸푸르에서 가장 마지막에 찾는 대표적인 관광지이다. 인공 호수와 잘 관리되어있는 조경 때문에 특히 야경이 아름답다.

싱가포르 Singapore

싱가포르(Singapore)는 동남아시아의 말레이반도 남쪽 끝에 있는 과거 영연방의 한 공화국이었다. 싱가포르섬과 그 주변의 작은 섬들로 이루어져 있으며 적도 근처에 있어 연중기온이 높고 열대 계절풍의 영향을 받아 강우량이 많다. 매일 한두 차례의 스콜이 있다.

국민의 약 74%가 중국계이고 그 밖에 말레이계, 인도계 등으로 이루어져 있다. 종교는 복잡다양하며 불교, 이슬람교, 힌두교, 기독교 등을 믿는다.

유럽과 동부 아시아를 잇는 해상교통의 요지에 있어 중개무역으로 발전을 거듭해왔으며 1960년대 이후 공업화에 힘써 정유, 조선, 수송용 기계, 전자 · 전기, 기계공업 등이 경제의 중심을 이루고 있다. 특히 인도네시아, 말레이시아의 주석, 고무 등을 수입 가공하여 다시 수출하는 보세가공무역이 성하다.

1900년도 후반에는 말레이시아에서 물을 수입가공(정수)해서 말레이시아에 수출하는 산업 국가이다.

또한 섬 전체의 관광 자원화를 추진하여 2020년에는 관광객이 270만 명에 이르렀다. 1963년 말레이시아 연방의 한 주로서 독립하였으나 인종 · 경제적 대립으로 1965년에 연방을 탈퇴하여 단독으로 공화국을 수립하였다.

국토 면적은 728km^{2}이며, 인구는 601만 4,700명(2023년 기준)이다. 수도는 싱가포르(Singapore)이고, 공용어는 말레이어, 영어, 중국어 등이다.

시차는 한국시각보다 1시간 늦다. 한국이 정오(12시)이면 싱가포르는 오전 11시가 된다. 환율은 한화 1만 원이 싱가포르 약 10달러로 통용된다. 전압은 230V/50Hz를 사용하고 있다.

필자가 싱가포르를 처음 방문한 일정은 1991년 3월 8일이었다. 그 당시 기억을 더듬어 보면 싱가포르 국제공항의 실내 바닥이 우리나라의 대형 백화점 매장바닥보다 더욱 깨끗하게 느껴졌다. 공항 바닥에 낮은 포복을 해도 때가 묻지 않으리라 생각하고 귀국한 사람이다. 그렇게 좋은 인상이 항상 남아 있어서 언젠가는 싱가포르에 다시 한번 여행을 하고 싶었다.

'왜?' 시장경제와 산업 발달로 인해 얼마만큼 잘사는지 늘 궁금했다. 그래서 2023년 9월 7일 나 홀로 여행에 필요한 짐을 싸서 싱가포르로 향했다.

막상 가서 보니 우리나라보다 더욱 발전한 것이 별로 눈에 보이지 않는다. 그래서 실망에 가까운 마음이 사라지지 않았다.

돌이켜보면 우리나라 대한민국이 1960년도부터 반세기 동안 새마을운동을 시작으로 지구상의 전무후무한 시장경제와 산업혁명으로 최대로 급성장한 국가라는 세계 여론 앞에 새삼스럽게 대한민국이 자랑스러워진다.

늦은 밤(23시 40분) 싱가포르 창이 국제공항에 도착해서 곧바로 미리 예약한 오키드 호텔(Orchid Hotel)로 이동했다.

다음날 호텔에서 조식 후 헨더슨 웨이브 브리지(Henderson Wave Bridge)로 이동했다.

헨더슨 로드에서 36m 높이에 위치한 헨더슨 웨이브 브리지는 싱가포르에서 가장 높은 보행자 다리로, 곡선의 '리브'로 구성된 독특한 파도 모양의 구조물로 인기 있는 관광지이다. 우리 일행들은 기념촬영을 마치고 다음 여행지인 싱가포르 예술의 거리로 이동했다.

헨더슨 웨이브 브리지

하지 레인(Haji Lane)은 세계 각국에서 온 감각적이고 빈티지한 스타일의 옷가게들과 카페들이 몰려있는 거리이다. 거리의 건물 하나하나마다 특색있고 매력적인 페인팅으로 사진 찍기에 좋은 거리이다.

리틀 인디아

그중에서 리틀 인디아(Little India)는 싱가포르에 사는 인도계 사람들의 삶의 터전으로 인도 특유의 향신료뿐만 아니라 전통 의상 구매도 가능하다. 싱가포르에서 가장 이국적인 거리로 한국인들에게 유명한 무스타파 센터도 있어 누구나 한 번쯤은 꼭 들르는 곳이다.

차이나타운

그리고 차이나타운(China-town)은 싱가포르 여행자들의 필수 여행지이다. 차이나타운은 이국적인 상점들을 볼 수 있는 곳이며 싱가포르의 중국 문화와 역사를 들여다볼 수 있는 기회이기도 하다.

마리나 호텔과 금융센터

마리나 베라지(Marina Barrage) 정원은 싱가포르의 가장 큰 댐이자 저수지로 식수 공급 및 홍수 억제 기능 외에 레크레이션 장소로도 쓰이는 곳이다. 옥상 정원에서는 휴식을 즐길 수 있으며 싱가포르의 전경을 한눈에 볼 수 있는 곳이다. 그로 인하여 싱가포르 금융센터와 가든스 바이 더 베이 그리고 싱가포르 최고의 명물로 손꼽히는 마리나 호텔이 한눈에 들어오기에 카메라가 잠시도 손에서 떠날 수가 없다.

리버 원더스(River Wonders)는 싱가포르 동물원(Singapore Zoo)과 나이트 사파리(Night Safari) 사이에 있다. 아시아 최초이자 유일한 강을 테마로 한 야생 공원인 이곳에는 판다 외에도 많은 동물이 있다. 싱가포르에서 가장 최근에 지어진 이 야생 공원은 40종의 멸종 위기 동물을 포함하여 6,000종 이상의 동물이 살고 있으며 세계 최대의 민물 수족관도 볼 수 있다.

오늘은 조식 후 싱가포르 국립식물원 보타닉 가든(Botanic Gardens)으로 이동했다. 울창한 나무와 초원같이 넓은 보타닉 가든의 언덕에는 쉬어 갈만

판다와 희귀어종

보타닉 가든

한 벤치도 많이 있다. 규모가 커 자전거를 타며 둘러보는 사람도 있고, 조깅 코스를 따라 운동하는 사람도 있다. 보타닉 가든은 난초 정원과 장미정원 등 테마별로 나누어져 있다. 그래서 공기 좋고, 물 좋고, 정자 좋다고도 할 수 있다.

머라이언공원(Merlion Park)은 상징적인 곳이다. 싱가포르의 전설에 등장하는 상반신은 사자, 하반신은 물고기로 되어있는 동물 머라이언이 있는 곳이다. 이 동물은 싱가포르를 상징한다. 머라이언상은 1972년 당시 수상이었던 이광요의 제안으로 만들어졌다. 이 공원에는 머라이언 상밖에 없지만, 싱가포르 방문객들은 꼭 여기서 기념사진을 찍는다. 더구나 공원 주변에 기념품 가게가 있어 많은 이들이 찾는다.

머라이언공원

가든스 바이 더 베이(Gardens by the Bay)에는 클라우드 포레스트 돔, 플라워 돔, 스카이웨이 등을 동시에 관람할 수 있다. 가든스 바이 더 베이는 100만 평이 넘는 초대형 정원으로 25만 가지 이상의 희귀식물을 볼 수 있으며, 베이 사우스(Bay South), 베이 이스트(Bay East), 베이 센트럴(Bay Central) 등 3곳의 정원으로 구성되어 있다. 저녁에 보면 더 멋진 불빛으로 야경을 감상할 수 있고, 낮에는 산책을 즐기기에도 좋은 곳이다.

가든스 바이 더 베이의 랩소디(Rhapsody) 쇼는 밤에만 이루어지는 행사로 캄캄한 밤하늘에 별빛처럼 반짝이는 조명등을 바라보는 재미에 빠져 주어진 오늘의 하루 일과를 마무리한다.

싱가포르 여행자라면 꼭 봐야 할 화려하고 아름다운 야경 쇼를 누워서 보

가든스 바이 더 베이(주간)

가든스 바이 더 베이(야간)

가든스 바이 더 베이 랩소디 쇼

는 이유는 앉아서 보면 하늘을 쳐다보는 이유로 인해 목이 아프기 때문이다. 차라리 드러누워서 보는 것이 관람하기에도 쉽고 건강에도 도움이 된다. 관광객들은 반수 이상이 누워서 관람하므로 그 광경이야말로 장관이라 아니할 수 없다.

루지 & 스카이라이드(Luge & Skyride)는 1.4km에 이르는 트랙을 바퀴가 3개 달린 썰매를 이용하여 하강한다. 하강 시 싱가포르의 전경을 볼 수 있고, 가속용 핸들 바와 브레이크로 속도를 조절할 수 있다. 루지는 남녀노소 손쉽게 조절할 수 있으므로 전 연령층 상관없이 누구나 즐기는 스릴 있는 체험이다.

센토사(Sentosa)섬은 휴양지 섬이자 싱가포르 내 가장 큰 관광 거리로 여행자들뿐만 아니라 현지 주민들도 방문하는 관광지이다. 센토사섬은 스파, 해변, 테마파크로 이루어져 있고 수많은 리조트도 자리 잡고 있다. 특히 그중

센토사섬

라버 보트 야경

에서 유니버설 스튜디오는 전 세계인들이 주목할 만큼 북적이는 곳이다.

라버 보트(Riverboat)는 싱가포르 여행의 마지막 일정이다.

해 질 무렵 싱가포르강의 라버 보트를 타면 싱가포르 근대역사의 발상지인 싱가포르강을 따라 화려한 유럽풍의 카페거리, 초현대식 금융가 빌딩, 100년이 넘는 고풍스러운 다리, 우아하고 호화스러운 저택 등을 볼 수 있다. 우리는 파리의 센강보다 더 아름답다고 극찬을 하며 강의 유람을 유유히 즐기면서 오늘 일정을 마무리하고 귀국하기 위해 공항으로 이동했다.

브루나이 다루살람 Brunei Darussalam

브루나이(Brunei)는 동남아시아의 보르네오섬 동북부에 있는 작은 왕국이다. 북쪽으로는 남중국해에 면하고 나머지 3면은 말레이시아령 사라와크주에 둘러싸여 있다. 브루나이는 해안지대 외 밀림에 뒤덮인 구릉지이며, 기후는 적도우림기후로 일 년 내내 기온이 높고 비가 많이 내린다.

주민의 약 64%가 말레이인이고 나머지 25%는 중국인 그리고 원주민인 다야크족 등으로 이루어져 있다.

1929년 발견된 세리아(Seria) 유전에서 국가 수입의 대부분을 얻고 있으며, 루통(Lutong)에는 대형 정유소가 있다. 농산물로는 쌀, 고무, 사과, 야자 등이 생산된다. 16세기에는 한때 크게 세력을 떨쳐 보르네오섬 대부분을 지배한 적도 있었지만 18세기 말부터 국력이 쇠퇴하여 영국의 보호령이 되었다가 1984년에 독립하였다.

국토 면적은 5,765km²이며, 인구는 45만 2,000명(2023년 기준)이다.

수도는 반다르스리브가완(Bandar Seri Begawan)이며, 공용어는 말레이어, 영어, 중국어 등을 사용하고 있다. 종교는 이슬람교(80.9%), 기독교

(8%), 불교(7%), 기타(4%) 순이다.

시차는 한국시각보다 1시간 늦다. 한국이 정오(12시)이면 브루나이는 오전 11시가 된다. 환율은 한화 1만 원이 브루나이 약 10달러로 통용된다. 전압은 220~240V/50Hz를 사용하고 있다.

엠파이어 호텔은 국가에서 운영하는 호텔이며 객실을 528개나 갖추고 있는 대형호텔이다.

남중국해의 푸른 바다와 하늘이 한눈에 보이는 멋진 해변에 180ha나 되는 땅에 지어진 엠파이어 호텔은 실내와 실외에 최상을 추구하는 레저시설들이 잘 갖추어져 있으며, 7성급 리조트 호텔로서 방문객들은 왕가의 기품이 그대

엠파이어 호텔

엠파이어 호텔 수영장

로 느껴지는 품격있는 인테리어와 왕실의 왕족에게 제공되는 수준 높은 종업원들의 서비스에 더욱 만족하게 될 것이다.

현지 가이드의 설명에 의하면 건국연도는 1363년이지만 영국에서 정식으로 해방된 연도는 1984년이라고 한다. 그리고 현재 29대 왕의 부인은 4살 연상인 사촌 누나라고 하며, 지구촌에서 교육과 의료비가 모두 무료인 나라로 유명하다.

국립의료원의 경우 진료대기 시간이 4시간 이상 걸리며, 진료비는 브루나이 돈으로 1달러라고 한다. 그리고 약값은 더욱더 저렴하다고 하며 국민이 먹고 사는 데는 걱정이 없는 나라라고 칭찬을 아끼지 않는다.

엠파이어 호텔 및 컨트리 클럽(The Empire Hotel & Country Club)의

부대시설로는 Restaurant, Bar & Night Club(식당과 바 나이트클럽)이 있다. Artrium Cafe' Restaurant은 조 · 중 · 석식 모두 다양한 뷔페식을 제공하며, 브루나이의 토속 음식과 인터네셔널 요리로 고객의 입맛을 매혹시키기에 충분하다.

햇살 가득한 이 고급스러운 레스토랑에서 즐거운 시간을 보내거나 환상적인 바다와 거대한 건축물에 단순히 명상에 잠긴 듯한 편안함도 느끼며 즐길 수 있다.

영업시간은 오전 8시 30부터 저녁 10시 30분이다. Li gong Chinese Restaurant은 코스별로 준비된 각종 요리가 식사시간마다 준비돼 있다.

로열 리갈리아박물관(Royal Regalia Museum, 왕실박물관)은 다양한 왕

왕실박물관

실 물품을 볼 수 있는 곳이다. 반다르스리브가완의 중심에 자리 잡고 있는 로열 리갈리아는 원래는 처칠기념관이었으나, 슐탄에 오른 실버쥬빌리가 하싸날 볼키아 국왕 재위 25주년을 기념해서 개보수하여 1992년 10월에 개관한 화려한 왕실박물관이다.

이 박물관은 채리앗왕과 리갈리아왕의 금은으로 만들어진 의식 문장, 국왕 즉위식 때 사용된 보석으로 치장된 왕관, 왕이 한때 사용한 모조 왕관 등을 포함한 왕실의 물품을 전시해두는 곳으로 이용되고 있다. 또한 이 전시관에는 네가라 브루나이 다루살람에 관한 역사적 문서가 다량 전시되어 있으며, 헌법기념자료관도 병설되어 있다. 방문객은 건물 입구에서 신발을 벗어야 입장할 수 있다.

이스타나 누룰 이만(Istana Nurul Iman) 왕궁은 세계 최대의 왕궁이다. 규모에 있어 세계 최대를 자랑하는 이스타나 누룰 이만 왕궁은 현재 술탄이 거주하며, 동시에 총리부와 국방부 등이 자리 잡고 있다.

이스타나 누룰 이만 왕궁

전망 좋은 300에이크 고원 위에 세워진 왕궁은 금으로 도금된 돔과 1,788개의 방과 화장실 256개를 가진 거대한 건축물이다. 브루나이 강변에 자리 잡고 있어 경이로운 장관을 보여주며, 왕궁 내에는 접견실과 의전실, 5,000명을 수용할 수 있는 연회홀이 있다. 공식 알현실은 황세자 선포 장소로, 각종 행사 수여식장으로 이용되고 있는 등 대부분의 국가 직무실로 이용되고 있다. 금식달(라마단)이 끝나는 하리 · 라야제 3일간을 제외하고는 내부에 들어갈 수 없다. 라마단 마지막에 펼쳐지는 축제에는 모두가 입장이 가능하여 성황을 이룬다.

현재 왕의 금차(시가1,200억원) (출처 : 현지 여행안내서)

오마 알리 사이푸딘 모스크(Omar Ali Saifuddin Mosque)는 현재 브루나이 왕국의 상징이며 1958년 500만 달러를 들여 만든 모스크이다. 브루나이 타운 캄퐁 아에르(Kampong Ayer)에 자리 잡고 있는 이곳은 동아시아지역에서 가장 큰 규모로 세계적으로도 가장 아름다운 건축물 중의 하나로 평가받고 있으며, 지금은 브루나이의 상징이 되어버린 이슬람교사원이다.

화려한 외관을 자랑하는 슐탄 오마 알리 사이푸딘 모스크는 브루나이 건축사에 남을 최고의 건축물로 유명하다. 높이는 52m에 이르고 끝이 금으로 도금된 돔은 이탈리아 대리석벽의 지지를 받으며 우뚝 솟은 모스크의 타워로서 자리 잡고 있다. 이밖에 대리석, 금 모자이크, 스테인드글라스가 풍부하고

오마 알리 사이푸딘 모스크

화려하게 장식되어 있다. 특히 내부에 있는 미나렛(사원 외곽에 세워진 첨탑)은 엘리베이터를 갖추고 있으며 높이가 50m이다.

워터 빌리지인 동양의 베니스 캄퐁 아에르는 세계 최대의 수상마을로 브루나이 강변에 자리 잡고 있다. 1906년 브루나이 타운이 수립되기 이전까지 캄퐁 아에르는 브루나이를 대표할 만큼, 사람들이 북적거리는 곳이었다. 당시 생활의 기반이었던 강에 살던 사람들은 육지에 새 보금자리를 제공한다는 정부의 제안으로 이주를 시작했다. 하지만 오늘날에도 캄퐁 아에르에는 30,000명이 넘은 사람들이 강을 생활 터전으로 전통적인 생활 방식에 따라 살아가고 있다.

나무를 엮어 만든 다리로 서로의 집을 연결해 놓은 좁은 길의 수상마을

워터 빌리지

은 외형과는 달리, 내부에는 전기시설과 상수도 등의 현대적인 시설이 되어 있다. 전통적인 브루나이의 목화 산업, 직물, 은세공 등도 이곳에서 이루어진다.

템부롱(Temburong) 국립공원 투어는 시원한 강바람을 맞으며 강과 바다가 만나는 삼각주를 지나 템부롱 정글로 올라가는 롱보트를 탄다. 원시림이 우거진 정글 속 폭포, 정글 트레킹, 계곡과 계곡을 연결하는 구름다리, 4개의 철탑에 올라 마치 숲 위를 거니는 듯한 느낌으로 숲 전망을 관광할 수 있다. 최소 출발 인원은 6명이며 6인 이하일 경우 한국어가 가능한 로컬가이드가 동행한다. 그리고 다양한 국적의 손님들과 함께 행사가 진행된다.

템부롱 국립공원은 섬이 아니지만, 브루나이 본국 영토와 떨어져 있는 다른 영토 내에 소재하고 있다. 네덜란드 점령지 시절에 성당이 있는 곳이라 신성시되는 땅이라고 여기며 주민들이 살아왔다. 그래서 제2차 세계대전 연합군 측과 이슬람 종교 지도자들의 노력으로 브루나이 영토로 편입시켜서 지금까지 국토가 두 지역으로 이웃하여 나누어져 있다.

템부롱 국립공원

가장 중요한 관광자원은 사각형 철탑의 높이가 70m인 철재 구조물의 구름다리이며, 중간 지주가 4개로 구성되어 있어 올라가는 계단이 767개나 된다. 그로 인하여 심신장애인이나 노약자들은 정글 트레킹을 포기해야 했다.

인도네시아 Indonesia

태양에 물든 평원들과 높은 화산들 그리고 초록빛의 삼림 등으로 이루어진 국가 인도네시아(Indonesia)는 적도를 끼고 약 5,400km 이상의 거리에 1만 7천2백여 개 이상의 섬으로 이루어진 세계 최대의 섬나라이다. 최대 화산 국가로서 섬들 대부분은 활화산과 휴화산으로 이루어져 있다.

가장 높은 산들은 이리안자야(Irian Jaya)에 있는 자야봉(5,200m)과 서부 수마트라에 있는 그린찌화산(3,950m)이다. 가장 유명한 화산은 1883년에 폭발했던 끄라까따우(Krakatau)화산으로 분화구 주변에 조수의 영향을 받고 있으며 아직도 미진이 있다. 주요 섬은 수마트라(473,606km^2), 칼리만탄(539,460km^2), 술라웨시(189,216km^2) 그리고 서쪽의 반은 뉴기니 땅인 이리안자야(421,981km^2)와 수도 자카르타(Jakarta)가 있는 자바(132,107km^2)섬이 있다.

칼리만탄(Kalimantan)은 예전에 영국의 아시아 침략으로 보르네오로 불렸으며, 3분의 2는 인도네시아에 속하고 북쪽의 3분의 1은 말레이시아와 브루나이에 포함된다. 약 2억 7천9백 만의 인구로 세계 제5위의 인구를 가진

국립박물관

나라이기도 하다. 이 나라는 300여 종의 인종혼합체로 오랜 전통에서 우러나온 문화의 다양성을 자랑하며 많은 종족만큼이나 전통, 언어, 방언들이 각자의 특색을 갖고 공존하고 있다.

석기시대부터 수준 높게 개발되어온 예술과 자바인들의 관습에서 비롯된 문화는 고원지대에 격리된 마을들에서 흔히 발견되고 있고, 다양한 역사적인 영향들은 복잡한 종족과 다양한 문화를 형성하고 있다. 특히 자바 문화의 중심지인 족자카르타(Yogyakarta)는 인도네시아의 특별한 지역 중 한 곳으로 자바 문화의 중심적인 역할을 한 곳이다. 더구나 현재까지도 훌륭한 전통문화를 계승 발전시키고 있어, 특별하고 우아한 매력으로 방문객들을 매혹시키는 곳이다.

오늘날 자바의 대표적인 고전건축 양식으로 지정된 군주 왕궁의 내부와 폐허가 된 궁이 있는데 과거 왕실의 찬란했던 모습을 입증해 주고 있어 빼놓을 수 없는 볼거리 중의 하나이다.

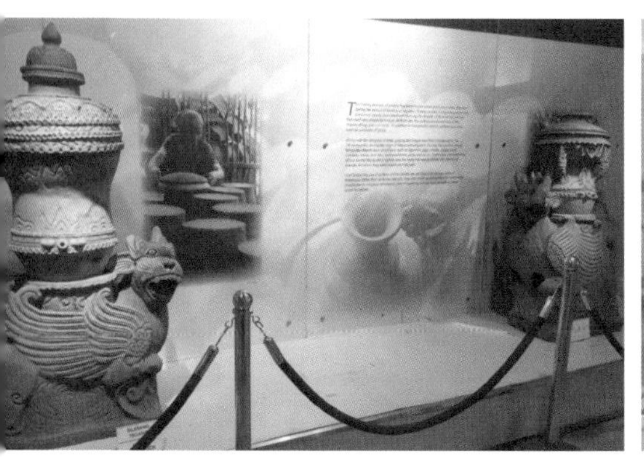

국립박물관

서부 자바의 조용한 언덕, 푸르름을 간직하고 있는 계곡 등 반둥은 1920년대의 황금기에 인도네시아에서 유럽의 스타일을 가장 많이 지닌 도시로서 명성을 떨쳤으며 나무가 줄지어 서 있는 산책로는 넓은 집과 길가의 카페로 '자바의 파리'로 불렸다. 서부 자바의 수도로서 반둥은 그 훌륭한 아름다움과 안락한 분위기를 유지하고 있다. 인도네시아에서 다섯 번째로 큰 도시이자 서부 자바의 문화, 경제, 행정, 교육의 중심지인 반둥은 많은 역사유적과 훌륭한 건축물과 박물관의 본고장이다.

인도네시아 섬에 처음으로 유럽인이 발을 들여놓은 것은 16세기 초이며, 포르투갈인이 말루쿠(Maluku)섬을 정복하여 기독교를 전파하였고 지금도 그 지역 사람들은 대부분이 기독교인이다.

행운과 꿈을 찾는 네덜란드의 항해는 1605년에 네덜란드 동인도 회사 사무소의 도움으로 인도네시아에 발을 들여놓았다.

그 후 서양은 지속적인 영향을 주어 프랑스의 도착과 함께 네덜란드의 식

국립박물관

민지로 되었다. 1811년에 영국이 개입되어 프랑스와 네덜란드 세력이 약화되면서 영국의 통치자 토마스 스탬포드 래플스 경(Sir Thomas Stamford Raffles)이 1816년까지 통치했다.

독립을 위한 인도네시아의 노력은 3세기가 넘게 이루어졌으나 대부분이 침략자들에 의해 무자비하게 짓밟혀졌다. 18세기와 19세기에 처음으로 항쟁에서 승리하여 이 시대에 활약한 많은 영웅이 찬양되었다. 디포네고로 왕자는 인도네시아 역사에서 가장 중요한 한 사람이다.

결국 식민지 정부는 항쟁군들의 계속된 도전을 받았으며, 체계적으로 정렬되고 진보된 정치적 역량과 국내 조직의 출현으로 20세기 초 독립의 기초를 이루게 되었다. 제2차 세계대전의 발발로 인도네시아는 외국의 지배세력을 없애는 데 좋은 기회를 맞이하게 되었다. 인도네시아는 1945년 8월 17일에 독립을 선포하였으며, 이날은 인도네시아의 독립일로 기념된다.

정식명칭은 인도네시아공화국(Republic of Indonesia)이다.

면적은 190만 4,000km²이며, 인구는 2억 7천900만 명(2022년 기준)이다. 민족은 365개의 부족이 있으며, 이 중 주요부족은 아체, 바탁, 미낭카바우(이상 수마트라), 자바, 순다(이상 자바), 발리(발리), 사삭(롬복), 다니(이리안자야) 등이다.

언어는 인도네시아어 외에 583개의 부족 언어가 있으며 지역에 따라 영어도 상용된다. 종교는 무슬림(87%), 기독교(9%), 힌두교(2%) 순이다. 시차는 한국시각보다 2시간 늦다. 한국이 정오(12시)이면 인도네시아는 오전 10시가 된다. 환율은 한화 1만 원이 인도네시아 약 12만 루피아 정도로 통용되며, 전압은 220V/50Hz를 사용한다.

인도네시아는 360여 종의 인종혼합체로, 사람들은 군도의 일부에 밀집되어 있는데 총인구의 65%가 총면적의 7%에 해당하는 자바, 발리, 마두라섬에 집중되어 있다. 그리고 종교의 자유가 보장되어 있으나, 국민의 87%가 회교도이며 단지 7%가 기독교인이다. 3%가 힌두교와 불교이고 나머지는 그들의 토속신앙을 믿는다. 발리는 힌두교와 그들의 전통신앙에 기초한 그들만의 토속신앙을 믿는다.

문화는 오랜 전통에서 우러나온 문화의 다양성을 자랑으로 하며 많은 종족만큼이나 전통, 언어, 방언들이 각자의 특색을 갖고 있지만, 지역마다 다르다.

석기시대부터 수준 높게 개발되어 온 예술과 자바인들의 관습에서 온 인도네시아의 다양한 문화와 역사는 먼 곳에 격리되어 있는 작은 섬에까지 영향을 미쳐서 복잡한 종족과 다양한 문화를 형성한다.

인도네시아에서 주의사항으로는 87%가 이슬람교이므로 종교적 터부를 잘 알아 두어야 한다. 다음 주의할 사항을 참고하는 것이 좋다.

- 사람의 머리에 손을 대서는 안 된다.
- 왼손은 부정한 것이므로 악수를 하거나 물건을 받을 때는 오른손을 사용하여야 한다.
- 대화 중에 허리에 손을 얹으면 안 된다. 그러면 성난 포즈인 줄 생각한다.
- 공항이나 정부 기관, 사원 등에서는 소매가 없는 옷이나 짧은 반바지 차림, 비치 샌들을 착용하지 않는다.
- 인도네시아인은 일본에 대한 감정이 좋지 않다. 일본인들과 외모가 비슷하여 오해받기 쉬우므로 조심해야 한다.
- 발리섬을 방문할 때는 모기향을 꼭 가지고 가야 한다. 방갈로 스타일의 숙박 시설에 묵을 때에는 필요하다.
- 물은 꼭 미네랄워터나 음료수를 마시는 것이 좋다.

자바(Java)섬은 인도네시아의 심장이라고 할 수 있으며 주요 행정, 경제 기관이 자리 잡고 있는 수도 자카르타가 있는 섬이다.

인도네시아어로는 자와섬(Jawa I.)이라고 하며, 주요 도시로 수도인 자카르타, 족자카르타, 반둥, 솔로, 수라바야 등이 있다.

자바는 인도네시아 문화의 중심지이다. 수도인 자카르타가 있는 자바섬은 인도네시아 인구의 약 62%가 거주하고 있는 인구 밀도가 가장 높은 섬이며,

대부분 화산활동에 의해 생성된 지형이면서 내륙 지대는 원시 정글이 있는 열대우림 기후에 속하는 곳이다.

이곳은 예로부터 토양이 비옥하여 벼농사가 이루어졌으며, 커피 재배로 유명한 지역이다. 또한 세계에서 13번째, 인도네시아에서는 5번째로 큰 면적을 가진 섬이다. 또한 메라피(Merapi)산맥에 위치한 브로모(Bromo)산은 자바섬 동부에 위치한 유명한 휴화산으로서, 자바 동부에서 약 32km 정도 떨어져 있고, 최고점이기도 한 서메루산(Semeru)의 남쪽 하단에 위치하고 있다.

길쭉한 지형을 보이는 이곳은 화산맥이 섬을 관통하여 많은 화산이 있다. 화산들 사이에는 고원과 분지가 있으며, 서부와 동부의 북쪽 해안에는 저지가 펼쳐진다. 강우량은 서부가 많아 연간 4,000mm가 넘는 곳도 있으며, 동부로 갈수록 적어진다.

열대에 속하면서도 산지가 많아 고도에 따른 기온의 차가 심하며, 이는 식물분포에도 뚜렷이 나타나 경제개발에 유리한 조건을 제공한다.

주민은 듀테로말레이족(族)에 속하는데, 중 · 동부에는 자바인(人), 서부에는 순다인, 속도인 그리고 동부에는 마두라인 등 세 종족이 살고 있으며, 저마다 언어, 관습, 기질에 차이가 있다. 이는 외래문화와의 접촉도에 기인하는데, 또 산지에는 미개 소수민족도 약간 있다.

보로부두르 불교사원과 프람바난(Prambanan) 힌두사원은 유네스코 세계문화유산으로 등록되어 있으며 세계에서 가장 역사 깊은 사원으로 꼽힌다. 브로모(Bromo)산, 이젠(Ijen)산 그리고 메라피(Merapi)산은 세계에서 가장 많은 활화산이 존재하는 인도네시아에서도 가장 아름다운 산으로 꼽히는 명소이다.

자카르타는 1,000만 명 이상의 인구가 살고 있는 인도네시아공화국의 수도로서, 권력과 부의 중심지이며, 현재 동남아시아의 최대 도시로 급부상하고 있다. 정식명칭은 자카르타 수도 특별지구(Daerah Khusus Ibukota Jakarta)이며, 줄여서 'DKI(디까이)'라고 부르기도 한다. 행정상으로는 '대 자카르타 수도 특별지구'를 형성하고 있다. 시가지는 북쪽의 리웅강 하구로부터 남쪽으로 약 25km에 걸쳐 길게 뻗어 있으며, 해발고도가 매우 낮다. 그리고 메르데카광장을 중심으로 한 주변의 관청가, 북쪽으로 계속되는 주택가, 문교 지구 등 3개로 나누어져 있다. 또한 상업 · 금융 지구는 꼬따 글로독(Kota Glodok) 거리를 중심으로 구시가를 형성하고 있으며, 이곳에는 화교의 상점과 창고 사이에 큰 저택들과 빌딩이 빽빽이 얽혀있다.

시가지에서 조금 더 안으로 들어가 보면 일반 서민이 사는 미로 같은 마을이 있으며, 운하에서 목욕을 하는 여인들의 모습이 보인다.

자카르타는 원래 순다 끌라빠(Sunda Kelapa)라고 불리는 작은 항구에 불과했었다. 하지만 이슬람 상인들과의 교역으로 번성하게 되어 이슬람 왕국 스루딴이 건설되면서 발전하기 시작했다. 또한 그 영향을 받은 인도네시아의 연안지대는 점차 이슬람화되었다.

이슬람 세력이 항구를 손에 넣자 자카르타는 자야까르따(Jaya Karta, 위대한 승리)로 개칭하였다. 그 후 네덜란드가 동인도 회사의 거점을 현재의 꼬따 주변에 두자 바타비아(Batavia)로 개칭되었고, 인도네시아의 중심이 되고 나면서 급속히 발전했다.

마지막으로 일본의 점령에 의해 이곳은 자야카르타와 비슷한 자카르타로 다시 개칭되어 현재의 대도시 자카르타에 이르고 있다. 꼬따 주변의 건물이나 운하에서는 번영했던 네덜란드 동인도 회사의 잔재를 볼 수 있으며, 현재 자카르타의 근대적인 빌딩 숲은 스디루만(Sudirman) 거리에서 볼 수 있다. 그리고 원래 자카르타 주변에는 부따위족이 살고 있었는데, 급작스러운 인구 팽창으로 지금은 부따위 문화를 발견하기 어려워졌다.

자카르타는 인도네시아의 정치, 경제, 산업, 문화의 중심지로 나날이 발전하고 있다. 새로운 고속도로, 대형 업무용 빌딩, 고급호텔, 쇼핑몰들이 허름하던 자카르타 시가지에 엄청나게 들어서고 있기 때문에 부분적으로 자카르타는 현대화된 아시아의 신흥 도시의 모습을 하고 있다. 이러한 현대적인 도시경관과는 대조적으로 뒷길에는 원주민이 밀집 거주하는 농촌의 경관이 나타나며, 물론 양쪽 사이에는 생활 수준의 격차도 현저하다.

자카르타는 아시아에서 가장 혼잡한 교통량과 인구과잉에도 불구하고 해마다 수많은 여행객이 찾아오는 도시이다. 네덜란드식의 오래된 건축물을 볼 수 있으며, 항구에서는 범선 시대를 연상시켜줄 훌륭한 선박들이 있다. 자카르타는 인도네시아 자바섬의 북서안에 위치하고 있다.

인도네시아의 수도 자카르타는 다른 도시에 비해 상반되는 면이 많은 도시이다. 인구도 모든 종족이 다 모여 있다.

16세기 초에 발견된 선다 켈라파의 작은 해안도시인 자카르타는 1527년 6월 21일에 명명되었으며 이웃한 시레본의 화타힐라 왕자의 정복으로 자카르

타만 미니 인도네시아

타(위대한 승리)라고 재명명되었다. 자카르타의 건축 양식은 외부에서 흘러 온 다양한 양식들을 반영해 준다. 그리고 27개의 문화공간으로 인도네시아 지방의 성격, 개념, 동식물 등을 전시한 '타만 미니 인도네시아(Taman Mini Indonesia)'는 매우 아름다운 장소로 여행객들의 발길이 끊이지 않는 곳이다.

타만 미니 인도네시아

타만 미니 인도네시아는 시내에서 동남쪽으로 약 10km, 보고르 방면으로 가는 국도의 도중에 있는 인도네시아의 민속 공원으로서

타만 미니 인도네시아

Taman Mini Indonesia Indah(아름다운 인도네시아 작은 공원)는 이름 그대로 다양한 민족이 사는 인도네시아를 작게 모형화해서 알기 쉽게 보여준 공원이다. 총면적은 100ha가 넘으며, 모든 자카르타 여행객들의 필수 코스이다. 또한 인도네시아 초 · 중 · 고 학교에서 한 번은 꼭 오게 되는 견학 코스로도 유명하다.

타만 미니 인도네시아

1970년 수하르토 대통령의 부인인 티엔 수하르토의 주장으로 건설을 시작할 때만 해도 막대한 예산을 이유로 많은 반대가 있었지만, 지금은 다민족 국가인 인도네시아를 가장 잘 나타내고 있는 명소로 인식되고 있다.

짧은 시간이나마 이곳을 관람하게 되면 인도네시아를 한눈에 볼 수 있을 뿐만 아니라, 이 나라를 조금이라도 이해할 수 있게 된다.

인도네시아를 구성하고 있는 27개 주를 대표하는 27채의 전통 가옥을 전시실로 삼아 민족의 주거공간을 만들었을 뿐 아니라, 각 민족의 문화, 의상 등 생활 양식을 전시하고 있다. 그 중에도 바티크족의 주거 형태인 통거난(Tongkonan)은 규모와 더불어 그 독특한 형태로 관심을 끌고 있다.

공원 중앙에는 큰 인공호수가 있고, 인도네시아의 주요 섬들이 호수 속에 떠 있어, 그 뒤로 전 국토를 바라볼 수 있는 케이블카가 지나가도록 설계해 놓았다. 발리 건축 양식은 건물 자체만으로도 큰 볼거리인 박물관과 인도네시아에서 자라는 100여 종의 난원(蘭園), 민예품을 주로 취급하는 선물 가게 등이 있고, 부지 내에는 새공원(Bird Park)도 있어 마치 자연을 그대로 큰 새 상자에 포장해 놓은 것 같이 되어있으며, 진기한 새를 가까이에서 볼 수 있다.

족자카르타(Yogjakarta)는 오늘날 문화의 중심지일 뿐만 아니라 자바 예술의 중심지이기도 하며, 일류대학들이 몰려있는 대학의 도시이기도 하다. 족자카르타는 표기에 비록 Y가 붙어 있지만, 발음은 J로 한다. 결국 쓰기는 'Yogya'로 쓰지만, 발음은 'Jogja(족자)'로 하고 있다.

자바 문화의 중심 족자카르타는 행정구역상으로 자카르타, 아체(Aceh)와 함께 인도네시아의 세 곳에 특별 구로 분류된 곳으로 자바 문화의 중심적인 역할을 해왔던 곳이다. 자바섬 남해안으로부터 내륙 쪽으로 29km 들어가서 지금도 화산활동 중인 메라피(Merapi)산(2,891m)이 가까이에 있다.

1952 APRIL 2019

NGAHAD		7	14	21	28
SENEN	1	8	15	22	29
SELASA	2	9	16	23·	30
REBO	3·	10	17	24	
KEMIS	4	11	18	25	
JEMUWAH	5	12	19	26	
SETU	6	13·	20	27	

이슬람 달력

인도네시아를 구성하고 있는 300 종족 중에서 가장 큰 그룹의 종족인 자바족의 본고장과 같은 이곳은 바른 예절과 화합이 중요시된다. 따라서 이곳 사람들은 말을 할 때 직접화법보다는 간접적인 표현을 많이 한다.

여자들은 비교적 현실적이어서 그 정도는 아니지만, 남자들은 아침부터 저녁까지 농담을 하며 지내는 것이 보통이다. 그래서 정확하게 일을 하려고 할 때에는 농담 때문에 당황하는 때도 있다. 작은 일에 구애받지 않는 열대 문화의 한 예라 할 수 있다. 족자카르타는 오랜 역사가 있는 도시이다.

불교나 발리섬에서 신봉하고 있는 힌두문화의 전성, 이슬람교 개종(현재 90% 이상이 이슬람교를 신봉하고 있음), 네덜란드에 의한 식민지 지배 등을 거쳐 현재에 이르고 있으므로 시대마다 흔적을 족자카르타와 그 주변에서 쉽게 찾아볼 수 있다. 따라서 이 도시는 조용하고 깨끗한 역사의 도시로 표현함이 어울릴 듯하다. 족자카르타는 인도네시아의 특별한 세 지역 중 한 곳으로 자바 문화의 중심적인 역할을 한 곳이다. 지금도 화산활동 중인 메라피화산 인근에 있는 족자카라타 평원은 16세기와 17세기 자바의 마타람 왕국이 통치할 때 가장 번성했으며, 현재까지도 훌륭한 전통문화를 계승 발전시키고 있다.

이 도시는 특별하고 우아한 매력을 지니고 있어 방문객들을 매혹시킨다.

족자카르타는 1755년에 수립되었는데, 네덜란드는 자바인 회교 군주가 존재하는 것을 인정하면서 통치했으나 계속되는 반란을 견디지 못하여 통치권을 내주게 되었다. 또 마타람이 약해짐에 따라 수라카르타와 족자카르타는 작은 자치기구로 분리되었고, 네덜란드는 망쿠부미 왕자를 족자카르타의 군주 하멘쿠 부워노 1세로 추대하였다.

도시의 경계 안에 군주의 궁과 폐허가 된 궁이 있는데 빼놓을 수 없는 관광지이다. 오늘날 자바의 대표적인 고전건축 양식물로 지정된 왕궁의 내부는 과거 왕실의 찬란했던 모습을 입증해 준다. 이렇듯 족자카르타는 자바 예술을 완성하고 전승해온 도시로서 잘 알려져 있으며, 편의시설, 저렴한 경비, 자바 문화의 중심지 등 장점들이 복합되어 인도네시아에서 가장 인기 있는 여행지로 각광받고 있다.

족자카르타의 보로부두르(Candi Borobudur)사원은 세계 7대 불가사의 중의 하나라고 해도 손색이 없는 불교사원으로 샤일렌드라 왕조에 의해 9세기에 건설되었는데 우거진 녹색의 들판과 산들이 보이는 능선에 조용하고 위엄있게 서 있는 세계에서 가장 유명한 사원 중의 하나이다. 회색의 안전한 암벽들과 높이 40m의 7층 테라스로 올려진 거대한 사리탑으로 구성된 이 사원의 벽면에 길이 60m의 양각으로 조각된 것이 있는데, 이것은 세계에서 가장 큰 불교 조각으로 탁월한 예술성을 지니고 있다. 앙코르와트와 더불어 동남아시아 최고의 불교 유적지 중 하나로 꼽히고 있는 보로부두르사원은 수수께끼도 많고, 언덕 하나를 덮고 있을 만큼 거대한 불교사원으로 족자카르타에서 북서쪽으로 42km 떨어진 곳에 위치하고 있다.

인도양을 건너 전래된 불교는 인도네시아에서 모국인 인도를 능가할 정도의 문화를 꽃피웠으며 역사적인 가치는 캄보디아의 앙코르와트와 쌍벽을 이루고 있는 이 사원은 프람바난(Prambanan)사원과 더불어 인도네시아에 있는 사원 중에서 가장 인기 있는 명소이다.

보로부두르사원은 이 사원을 건설한 샤일랜드라 왕조가 쇠퇴함과 함께 역

보로부두르사원

보로부두르사원

사 속에서 완전히 사라진 사원이다. 정확하게 세워진 시기가 밝혀지지는 않았으며, 프람바난이 지어진 시기와 거의 같은 기원후 약 8세기경으로 학자들 사이에서 통하고 있을 뿐이다.

불교의 쇠퇴와 더불어 잊혀진 후 이 사원은 1814년에 당시 자바의 총독이었던 래플즈에 의해 밀림 속에서 발견되었다. 발견 당시 수 세기에 걸쳐 언덕이 침수되어 있었으며, 돌로 지어진 거대한 하중을 이기지 못하고 여러 각도에서 보로부두르가 가라앉아 있었다.

1973년 아시아의 유적으로는 처음으로 유네스코 주도로 대규모의 보존, 보수작업이 이루어져 배수로 등 새로운 토목기술을 추가해서 건축된 이 사원은 현재 유네스코 문화유산으로 등록되어 있다. 옛 모습 그대로 복원하는 데 무려 2천 5백만 달러가 들었다고 한다.

사원의 기반은 육각형이며, 그 위에 원형으로 세 개의 층으로 건설되었다.

프람바난사원은 거대한 시바의 사원으로 족자카르타 최북단에 위치한 마을에서 이름을 따왔다. 지역적으로는 'Loro Jonggrang사원', 또는 '날씬한 처녀의 사원'으로도 알려져 있으며, 인도네시아의 힌두사원으로는 가장 크고 가장 아름다운 것으로 표방된다. 족자카르타 동쪽으로 17km 되는 곳에 있는 이 사원은 불교 왕국의 샤일랜드라 왕조가 중부 자바의 북부지방을 통치하고, 상자야 왕조 지배하의 힌두교 왕국 마따람 왕조가 남부지방을 통치하던 시기인 9세기 중반에 바리퉁마하 삼부왕에 의해 건설되었는데 8개의 사원단지 중 3개는 시바, 비슈누, 브라마를 모신다.

프람바난사원

프람바난사원

고대 인도에서는 불교를 힌두교의 한 종파로 보고 있는데, 이곳에서 두 종교의 융합을 확인해 볼 수 있다.

사원의 중심에 위치한 시바신전(Shiva Temple)은 하늘에 타오르는 거대한 불꽃과 같은 모습으로 연기가 낀 메라피(화산)산에서 인도양에 걸쳐 펼쳐진 께우 평야를 내려다보고 있으며, 수려한 사원들과 넓은 전원풍경이 매우 아름답다.

프람바난사원군에 들어서면 무엇보다도 중앙에 우뚝 솟은 130피트의 시바신전의 거대함에 압도당한다.

크라톤(Kraton) 왕궁 내 술탄의 궁(Sultan's Palace)은 족자카르타 시내에 있으며 넓은 교차점의 반대편에는 우체국과 은행 등 네덜란드 식민지 시

크라톤 왕궁

대의 건물이 눈에 들어오는데, 왕궁은 여기를 똑바로 지나가야 한다. 그리고 크라톤은 구시가지의 한복판에 자리 잡고 있으며, 시가지 안에서 작은 성벽으로 둘러싸인 또 다른 시가지의 중심지이다. 운동장을 방불케 하는 넓은 광장 안에 자리 잡고 있는 이곳은 마타람 왕조의 분열로 족자카르타의 군주가 물러난 다음 1756년 하멘크 부오노 1세에 의해 건립된 역대 왕후들의 거주지이며 자바의 전통적인 건축 양식으로 지어졌다.

크라톤 안에는 약 2만 5천명이 거주하고 있으며, 크라톤에 사는 사람들을 위한 시장과 가게들, 공예점과 은 세공점, 학교와 모스크 등이 모두 갖추어져 있다. 크라톤은 정면에 있는 입구로는 들어갈 수 없고 벽을 따라 오른쪽으로 가야 한다. 입구 근처에는 큰 수호신(라꾸사사) 한 쌍이 왕궁의 안전을 지

민속 공연장

키고 있는데 이곳을 지나 크라톤의 내부(7개 부분으로 나누어져 있다)로 들어가면 오른편에 궁에서 가장 중요한 축조물인 프로보옉소 누각 양식에 금을 입힌 누각이 있다. 이 누각은 대부분의 누각과 같이 벽과 창문이 없는 우아한 나무 조각으로 장식되어 있다.

이리안자야(Irian Jaya)는 인도네시아 동쪽 끝, 호주 대륙 위쪽에 위치한 뉴기니섬 서반부를 차지하고 있는 지역으로 '승리의 뜨거운 땅'이라는 뜻이다. 현재 '파푸아'로 불린다.

뉴기니섬은 1511년 포르투갈인들에 의해 발견되었는데, 쇠퇴기였던 포르투갈 대신 네덜란드 세력이 들어오면서 이곳을 두고 영국과 마찰을 빚었다.

결국 뉴기니섬은 반으로 나뉘어 동쪽은 영국령(현재의 파푸아뉴기니), 서쪽은 네덜란드령(현재의 인도네시아 영토)으로 지배되었다. 뉴기니섬 서부 지역은 원래 말레이어로 '짧은 머리털'이라는 뜻의 파푸아(Papua)로 불렸으나, 네덜란드와 전쟁을 벌여 이곳을 점령한 인도네시아 정부가 1973년 이리안자야로 개칭했다. 하지만 2002년 다시 파푸아주로 이름이 변경되었고, 2003년에는 파푸아주의 서쪽 일부분이 파푸아바랏주로 분리되었다.

주도는 자야푸라이며, 인구는 약 290만 명(2020년 기준)으로 300여 종족이 살고 있으며, 면적은 42만 1,981km²이다. 인도네시아 서쪽의 인종은 흰 편이지만, 이리안자야 지역엔 거의 흑인과 비슷한 갈색의 곱슬머리 종족이 주류를 이루고 있다. 화폐는 인도네시아의 루피아를 사용하고, 수많은 원주민이 그들의 문화를 유지하며 살고 있다. 언어는 공용어가 인도네시아어이지만, 종족마다 언어가 따로 있는데 200가지가 넘는다.

지구에서 그린란드 다음으로 큰 섬인 뉴기니섬은 적도 바로 아래에 동서로 2,400km, 남북으로 740km에 걸쳐서 자리 잡고 있다. 그중 동쪽 반은 독립국가인 파푸아뉴기니이며, 서쪽 반은 이리안자야로서 인도네시아 영토에 속한다.

이리안자야의 한복판에는 아직도 석기시대의 원시적인 생활을 하고 있는 다니족이 살고 있다. 다니족이 살고 있는 발리엠계곡(Baliem Valley)은 길이가 60km, 폭이 16km에 이르며 해발 1,500m가 넘는 고지대에 있다.

발리엠계곡은 주변의 험한 산악지대와 울창한 열대우림으로 둘러싸여 외부와는 철저하게 고립되어 있을 수밖에 없었다. 발리엠계곡의 다니족이 처음으로 외부에 알려지게 된 것은 1983년 미국의 탐험가 아치볼드(Archbold)에 의해서였다. 아치볼드가 이 지역을 발견하기 전에도 네덜란드 탐험대가 이 근처를 지나갔지만 험한 지형 때문에 비껴갈 정도로 접근하기가 힘든 곳이었다.

혹자가 1993년에 처음 이 지역을 찾아갔을 때만 해도 산허리에 짙게 걸친 구름층을 뚫지 못하여 두 차례나 되돌아와 자야푸라의 센타니 공항에서 이틀이나 발이 묶이기도 하였다는 설이 있다. 이곳을 소형비행기로 비행하다 발견한 아치볼드는 네덜란드인 테링크(Teerink)와 탐험대를 조직하여 이곳에 첫발을 내딛게 된 이래 많은 탐험대가 이곳을 찾게 되었고, 제2차 세계대전이 끝난 후에는 탐험대를 대신하여 선교사들이 찾아들게 되었다.

발리엠계곡에서 바깥세상으로 통하는 길은 아직도 이리안자야의 수도인 자야푸라와 발리엠계곡의 와메나를 잇는 항공로가 유일한 교통수단이다. 와메나는 발리엠계곡의 중심이며 소형여객기가 이착륙할 수 있는 짧은 활주로가 있다.

발리엠계곡은 길이 60km, 폭이 16km에 이르는 넓은 지역이다. 위도상으로는 적도 바로 아래의 열대지방이지만 습도는 낮고 해발 1,700m의 고지대에 있어서 밤에는 기온이 급격히 떨어져 한기를 느끼게 된다. 다니족에서 가장 눈에 뜨이는 것은 이들의 옷차림이다.

옷차림이란 표현이 어울리지 않게 이들은 거의 나체로 지낸다. 남자는 호림 또는 코데까라고 불리는 기다란 대롱을 성기에 꽂아서 그 끝을 실로 묶어 허리에 매달고 다닌다.

다니족 마을

여자들은 밀짚으로 만든 치마를 입고 있을 뿐이다. 아니 입는다는 표현보다는 아슬아슬하게 엉덩이에 걸친다는 표현이 맞을 정도로 남녀 모두 우리들 시각으로 보면 매우 우스꽝스러운 모습이다.

남자들의 유일한 장신구인 코데까는 박 종류에 속하는 과실로서, 그 속은 파먹고 속이 넓은 것은 물통으로 사용하고 가늘고 기다란 것을 코데까용으로 사용한다. 공기가 찬 밤에도 그대로 잠을 자며 몸의 체온을 보호하는 것이라고는 전혀 없다.

선교사들이 발리엠계곡에 들어와 선교를 한 지 30년이 지나고, 외부 문명이 도입되어 가장 외부영향을 많이 받을 수밖에 없는 와메나(Wamena)에는 많은 다니족이 옷을 입기 시작했지만, 아직도 코데까 차림으로 마을을

다니족 마을

활보하고 다니는 다니족은 전혀 외지인의 시선에 신경을 쓰지 않는 것 같다.

와메나에서 외곽으로 갈수록 옷을 입은 다니족은 줄어든다. 와메나에서 약 20km 떨어져 있는 지위카(Jiwika)라는 마을에 당도하면 '무미'라고 불리는 미라가 있다. 몇 년 전 한 방송국에서 방영한 다니족을 소개하는 프로그램에서는 원주민 말로 '무미'라고 부르며 약 200년 된 것이라고 소개를 하였지만, 필자가 알기에는 '무미'는 선교사들이 사용한 영어의 'MUMMY'에서 유래된 것이고 나이와 세월, 숫자에 대한 개념이 없는 이들한테 200년이 되었다는 말은 잘 믿어지지 않는다.

200년 된 무미(미라)

필자가 이 지역을 방문한 일정은 2019년 4월 6일이었다.

동부 파푸아에 위치한 자야푸라(Jayapura)는 파푸아의 모험적인 여정을 하는 관광객들의 출발지이다. 관광객들은 다양한 모험을 즐기기 위해 이곳으로 온다. 발리엠계곡으로 가는 트래킹을 하거나 실적을 위해 악어 보존지에서 연구를 하면서, 슨타니호수에서 일어나는 마법을 포착하여 사진을 찍을 수도 있다. 풀이 무성한 언덕에는 도시의 경치를 관람하기 좋은 장소에 빨갛고 하얀 교신 타워가 서 있다.

파푸아에서 할 수 있는 가장 재미있는 활동은 아니긴 하지만, 이 지역이 얼마나 넓은지 알 수 있다. 결국에 자야푸라는 지구에서 가장 큰 섬 중 하나로 보기 드문 여정의 출발지이다.

이리안자야의 독립운동을 살펴보면 수 세기 동안 네덜란드의 식민지였던 인도네시아는 20세기 초부터 민족의 독립운동을 활발히 벌였다. 제2차 세계대전 중 일본군 점령과 네덜란드 정권을 거쳐 1945년 독립을 선언하였고, 네덜란드와 4년간의 전쟁 끝에 1949년 연방공화국으로서 정식으로 독립이 승인되었다. 그러나 인도네시아 독립 당시 네덜란드는 이리안자야를 식민지로 계속 점유하려 하였고, 이곳을 기지로 하여 새로운 식민제국을 재건하려는 희망을 버리지 못해 인도네시아와의 사이에 분쟁이 계속되었다.

결국 1962년에 양국 군대의 무력충돌로 이리안분쟁이 일어났다. 이 와중에 이리안자야는 1961년 독립을 선언하였으나, 1962년 8월 UN의 중재에 따라 결국 네덜란드가 단념하고 1963년 인도네시아에 편입되었다. 이후 1969년 7월에서 8월 사이에 실시된 주민 투표에 의해 압도적인 표 차로 인도네시아에 귀속하기로 결정되었고, 11월 UN 총회에서도 그 결과가 승인되었다. 이렇게 해서 이리안자야는 1961년 독립을 선언했으나 1969년 인도네시아의 26번째 주로 강제 편입됐다.

그러나 이리안자야 토착민 대부분이 인종과 문화적으로 인도네시아의 자바족보다 멜라네시안에 가깝고, 종교적으로 기독교인들이 대부분이어서 회교도인 인도네시아 본토 주민과 달라 마찰을 빚고 있다.

자유파푸아운동(OPM)은 합병이 대다수 주민의 뜻이 아니었다고 주장하며, 1960년대 말 이후 활동을 시작하였고, 1975년 동파푸아뉴기니의 독립 이후 무장투쟁이 본격화되었다. 이들은 1996년 국제사회에 독립운동을 알리기 위해 외국인 20여 명을 납치하기도 했다.

32년간의 수하르토 집권 기간에 인도네시아군은 자유파푸아운동(OPM)의 제거를 목표로 초토화 작전을 시행했지만 성공하지 못했으며, 중앙정부의 통제를 강화하기 위해 자바섬의 주민 25만 명을 이주시키기도 했다.

1998년 5월 강권 정치를 폈던 독재자 수하르토 정권이 퇴진하자 이리안자야의 독립운동은 더욱 고조되었다. 한편 2002년 1월 인도네시아 중앙정부로부터 분리 독립운동을 추진하고 있는 이리안자야의 공식 지명이 파푸아로 변경되었다. 파푸아뉴기니와 인접한 이리안자야가 지난 1963년 인도네시아 군대의 강제 점령 이후 옛 지명을 회복한 것은 영토 분리 움직임을 저지하려는 중앙정부의 유화 전략에 따른 것이라는 시각이 크다.

코모도섬(Komodo Island)은 발리에서 동쪽으로 483km 떨어진 플로레스섬과 숨바섬 사이에 있는 섬으로 코모도왕도마뱀 2,500여 마리의 서식지이다. 코모도섬은 자바, 발리, 수마트라와 같은 큰 섬과 파드라와 린카같은 작은 섬들을 만든 거대한 화산작용으로 인해 생성되었다.

이 섬은 1980년에는 국립공원으로, 1992년에는 세계자연유산으로 지정되었다. 코모도섬은 산이 많은데 섬의 최고 높이는 825m이다. 유명한 도마뱀을 찾아서 1926년 이 섬에 도착한 미국의 탐험가 더글러스 버든(Douglas Burden)은 배를 타고 섬으로 가는 동안 “스카이라인이 환상적인 섬”이라고 했다. 보초병 같은 야자수들과 하늘을 향해 우뚝 솟은 화산 분화구들이 흩어져 있는 이 섬이야말로 우리가 그토록 찾았던 거대한 도마뱀의 집으로 안성맞춤이라고 하였다.

무덥고 황량한 원시의 자연에는 놀라운 야생생물들이 살고 있다.

전 세계에서 가장 큰 독사들, 노란 관모앵무새처럼 화려하기 그지없는 새들, 이상한 소리로 울며 날지 못하는 메가포드류, 사슴, 멧돼지, 육중한 몸집을 자랑하는 물소들이 이 섬에서 서식하고 있다. 하지만 단연 주인공은 코모도왕도마뱀이다. 버든이 지나간 이후로 수천 명의 여행자가 세계 최대의 도마뱀을 보려고 이 섬을 찾았다.

어떤 사람들은 도마뱀이 갓 잡은 신선한 먹이를 먹는 모습을 구경하고, 어

왕도마뱀

떤 사람들은 공원 관리인과 함께 코모도왕도마뱀을 찾아 하이킹을 한다.

코모도섬의 왕도마뱀은 인도네시아의 코모도섬, 린카섬, 플로레스섬, 길리모탕섬, 파달섬 등에서 서식하는 대형 도마뱀이다. 왕도마뱀과에 속하며 현생 도마뱀 가운데 가장 커서 다 자라면 몸의 길이 3m, 몸무게 165kg에 달한다.

코모도왕도마뱀이 유달리 큰 몸집을 설명하는 이론에는 거대화한 가설이 있다. 이 가설은 코모도왕도마뱀이 다른 포식자가 없는 상태에서 최상위 포식자 지위를 차지하자 몸집이 커지는 방향으로 진화하게 되었다고 본다. 그러나 최근의 연구는 거대화 가설을 부정하고, 오히려 다른 거대동물들과 함께 아시아에서 인도네시아를 거쳐 오스트레일리아까지 확산된 여러 왕도마뱀 가운데 지금까지 살아남은 것이라는 견해를 보이고 있다.

오스트레일리아에서 발견된 3백8십만 년 된 왕도마뱀 화석과 플로레스섬에서 발견된 90만 년 전 화석이 이러한 견해를 뒷받침한다. 코모도왕도마뱀은 그들의 서식지에서 가장 큰 생물로서 자신이 살고 있는 생태계를 좌지우지한다. 코모도왕도마뱀의 침에는 여러 가지 유독한 미생물이 있어서 다른 동물이 물리면 중독되어 죽게 되고, 코모도왕도마뱀은 이를 이용해 먹이를 사냥하여 먹는다.

코모도왕도마뱀의 먹이로는 여러 무척추동물과 조류, 포유류(염소, 사슴, 멧돼지) 따위가 있고 심지어는 물소를 쓰러뜨리기도 한다. 가끔은 사람을 공격하기도 한다.

코모도왕도마뱀의 짝짓기 계절은 5월에서 8월 사이로 9월에 20개가량의

알을 낳는데, 메가포드의 빈 둥지를 사용하거나 직접 굴을 파서 낳기도 한다. 알은 7~8개월 뒤 먹잇감인 곤충들이 창궐하는 시기인 4월에 부화한다. 어린 새끼는 다른 동물들이나 다 큰 것들에게 잡아먹히지 않으려고 나무 위에서 생활한다. 다 자라기까지는 8~9년이 걸리고, 수명은 30년 정도이다.

1910년 서구의 과학자들이 코모도왕도마뱀을 처음 알게 되었다. 거대한 크기와 무시무시한 생김새 때문에 동물원에서 인기 있는 동물이 되었으나, 인간의 활동으로 서식지가 점차 파괴되어 국제자연보전연맹이 지정하는 멸종위기 취약 단계에 처하게 되었다.

인도네시아 정부는 코모도 국립공원을 보호구역으로 설정하고 법률로 보호하고 있다.

발리섬(Bali Island)은 인도네시아의 자바섬의 동쪽 바로 옆에 인천 월미도와 영종도 사이 간격 정도의 좁은 해협을 두고 떨어져 있는데, 다리가 놓이진 않았다. 다리 건설계획 자체는 있지만 여러 가지 사정 때문에 난관이 많아서 실제 삽을 뜨지 못하고 있다. 지도에서 녹색으로 표시된 곳에 위치해 있다. 중심도시는 덴파사르(Denpasar), 인구는 4,225,000명(2020년 기준), 면적은 5,780km^{2}이다. 한국에서는 관광지로 유명하다.

인도네시아 영토이면서 본국인 인도네시아를 능가하는 인지도를 자랑한다. 실제로 '발리산(産)'이라고 하면 고급품으로 보는 사람들이 많지만 '인도네시아산'이라고 하면 왠지 저급품으로 본다.

신혼여행지로도 명성이 높은데, '발리로 신혼여행 간다.'고 하지 '인도네시아로 신혼여행 간다.'고는 안 한다. 덕분에 발리가 인기 관광지인 건 알아도 어느 나라에 속하는지 모르는 사람도 많다.

그래서 발리섬을 좀 더 자세히 설명하자면 발리는 인도네시아의 17,509개 섬 중의 하나로 히말라야 조산대에 속하는 소순다열도의 서쪽 끝에 위치하고 있으며, 섬의 서쪽에는 발리해협을 사이에 두고 자바섬이 자리 잡고 있다.

동쪽에는 롬복섬과 숨바와섬 그리고 숨바섬 등이 있으며 발리섬과 자바섬의 제일 가까운 해협은 3km 정도에 지나지 않는다. 발리섬의 남쪽에는 해상으로 오스트레일리아와 국경을 접하고, 서쪽으로는 인도양의 망망대해가 아프리카 대륙까지 이어져 있다.

면적을 가늠하기 좋게 우리나라 제주도의 2.7배 정도이며, 최고봉인 아궁산(3,142m)을 기점으로 동서로 산맥이 길게 펼쳐져 있다.

기후는 북서 계절풍이 부는 우기(10~3월)와 남동 계절풍이 부는 건기(4~9월)가 뚜렷하게 나누어져 있다. 건기에는 가끔 물 부족 현상도 나타나지만, 우기에는 하루에 여러 차례 스콜 현상이 나타나기도 한다.

종족구성은 발리인이 80% 이상을 차지하지만, 나머지는 자바인 그리고 중국계인들이 차지하고 있다. 인도네시아 전역에는 인도네시아어가 공용어지만, 발리인들은 지금까지 토착 언어인 발리어를 사용하며 관광지나 시장 등에서는 때때로 영어로도 통용이 된다.

종교는 인도네시아의 90% 인구가 이슬람교를 믿지만, 발리섬의 주민들 90% 이상이 발리 힌두교를 믿는다. 그리고 시차는 수도 자카르타가 한국시각보다 두 시간 느리지만, 발리섬은 한국시각보다 한 시간 늦다. 한국이 정오

(12시)이면 발리는 오전 11시가 된다. 전압은 220V/50Hz 사용하며, 환율은 한화 1만 원이 발리 약 10만 루피 정도로 통용된다.

그리고 발리가 신혼여행지와 관광지로 각광을 받게 된 동기는 사방이 바닷가인 동시에 섬 전체가 해변을 중심으로 완만한 경사를 유지하고 있다. 이곳에 호텔과 풀빌라 등이 자리하고 있으며 호텔마다 큼직한 야외 풀장을 갖추고 있다. 또한 호텔 레스토랑은 약 2세기 동안 네덜란드, 프랑스, 영국 등으로부터의 식민지배로 인해 동서양의 모든 여행자나 관광객들이 먹고 즐길 수 있는 음식이 기호에 맞게 질 좋은 가성비로 투숙객들의 입맛을 사로잡는다. 그리고 완만한 경사지 덕분에 호텔 룸에서 바라보는 전망은 너무나 좋아서 순간적으로 고객이 황제가 된 기분을 느낄 수 있는 전망을 자랑한다. 우리 일행들이 묵어간 호텔 니코발리 역시 떠날 때는 아쉬움이 남을 정도로 추억 속에 남아있다.

니코발리 호텔, 가이드와 풀장

호텔에서 바라보는 전망

또한 호텔 부대시설 역시 천국에 온 기분을 느낄 수 있게 비치 의자에 비치 파라솔이 준비되어 있다.

비치 의자

비치 파라솔

가루다상

오늘은 울루와트(Uluwatu) 절벽사원과 가루다공원 그리고 비슈누(Vishun) 신상 등을 들러보기로 했다. 가루다공원은 힌두 신화에 나오는 비슈누신과 그의 수호새인 가루다 동상을 만들어 놓은 곳이며, 총 240헥타르 부지에 원형극장, 축제공원, 거리공연장, 레스토랑, 쇼핑센터 및 전시홀 등으로 조성되어 있다. 발리섬 남쪽 끝

발리독립기념탑

자락에 위치한 이곳은 원래 채석장이었던 곳을 정부에서 공원으로 조성해서 현재는 발리 관광객이나 여행자라면 반드시 거쳐 가는 발리 여행의 필수 관광코스로 발돋움하고 있다.

그리고 아융강 래프팅(Ayung River Rafting)은 발리에서 가장 많은 여행객이 래프팅을 하기 위해 많이 찾는 곳이라 할 수 있다.

비슈누상

아융강 래프팅은 초급부터 고급 래프팅에 이르기까지 다양하게 참여할 수 있어 합리적인 가격으로 하루를 즐길 수 있는 매력적인 관광지라고 할 수 있다. 그리고 중간중간에 아름다운 자연경관(폭포, 기암괴석, 절벽)들을 감상할 수 있으며, 가장 큰 장점은 고지에서 저지로 내려갈 때는 일행들 모두가 함성과 폭소로 메아리를 만드는 순간들은 영원히 잊지 못할 추억으로 남는다.

아융강 래프팅

오늘은 발리 전통 의상을 입고 발리의 독특한 문화를 체험하는 날이다. 자기가 원하면 발리 왕족처럼 옷을 입을 수도 있고 헤어스타일과 메이크업이 함께 제공되기도 한다.

뉴레저 아일랜드 입구에는 떡 만들기 체험부터 먼저 시작한다. 발리 전통 떡에다가 떡고물과 흑설탕을 넣어 예쁘게 빚어보는 것은 생전 처음이지만 재미가 솔솔 피어오른다.

발리 전통 복장을 한 필자

다음은 신에게 제물로 바치는 차낭을 만드는 시간이다. 마음에 드는 꽃을 이용하여 수십 개의 차냥을 만들어 이곳 주민들은 사원에 가지고 가서 제물로 바치고 예를 표한다고 한다. 그리고 인테리어 소품들도 자기가 원하는 모형을 만들어 물감으로 색칠하기까지는 많은 시간이 요구된다.

비슈누 신상

마지막에는 전통그림 그리는 시간이다. 나비, 고양이, 다람쥐, 비둑이 등을 선택하여 자기의 타고난 소질을 발휘하여 그림을 완성한다. 완성된 그림을 일행 중에는 자기 집에 가져가는 사람들도 더러는 있다.

그리고 발리섬의 대다수 주민은 힌두교의 3대 신 브라마, 비슈누, 시바신을 모시고 있다. 그중에 비슈누 신상이 관광객들의 시선을 압도하며 자리 잡고 있다. 높이가 120m이며 동이 1,000톤이 들어간 거대한 신상이다. 브라마신은 세상을 창조하는 일을 하고, 비슈누신은 세상을 유지보수하는 일을 하며, 시바신은 세상을 파괴하는 신이라고 한다.

부탄 Bhutan

정식 국가명은 부탄왕국(Kingdom of Bhutan)으로 인도와 티베트 사이 히말라야산맥 동쪽에 자리 잡고 있으며 독립된 국가로서 성장하고 있는 작은 나라이다.

인도와 부탄의 관문

북동부는 인도와 티베트 그리고 히말라야의 남쪽에 끼어있는 티베트 문화권의 조그마한 나라인 부탄은 지리적인 영향으로 세계에서 가장 접근이 어려운 국가 중의 하나인 동시에 교통 신호등이 없는 나라이다. '티베트의 끝'이라는 뜻을 가진 부탄왕국은 광대한 히말라야의 중심부에 있다.

부탄왕국이 서방 세계에 처음 문호를 개방한 것은 1974년이다. 부탄은 영국의 보호 아래 있던 중 국가가 성립되었다. 국토 대부분이 고산지대와 깊은 계곡으로 이뤄져 있으며 평야는 남부에 조금 있는 정도이다. 부탄은 시간의 손길이 거의 미치지 않은 특이한 나라이다.

이 나라는 장엄한 히말라야산맥의 중심부에 묻혀, 스스로 몇 세기 동안 다른 세계와 동떨어져 고립된 상태로 지냈다. 1974년부터 시작된 신중한 개방 이후 여행자들은 이 나라에 매료되기 시작했다.

오염되지 않은 환경, 경이로운 풍경과 건축물들, 친절한 사람들 그리고 독특하고 순수한 문화는 이 나라의 매력거리들이다. 풍부한 자연 자원의 가능성에도 불구하고 부탄은 아시아에서 가난한 나라 중의 하나로 대두되며 그들의 주장대로 옛 문화와 자연 자원 그리고 그들의 불교식 생활 양식을 강력하게 보호하고 있는 부탄은 과거와 미래에 양발을 걸친 채 침착하게 현대화를 추진하고 있다.

부탄사람들은 자연과 깨끗한 환경만이 인류 최대의 보물이라고 믿고 있으며, 실천이라도 하듯 자연과 사람이 가장 친밀한 관계 속에서 삶이 이어지고 있다.

일상생활에 깊이 스며있는 종교는 그들의 도덕성과 윤리를 규정하고 자연과의 친화로 자연을 닮은 그들의 정신은 순수 그 자체를 의미한다. 또한 이 나라는 현대문명이 미치지 못하는 소왕국이지만, 이들의 평등주의는 선진국을 앞서고 있을 정도이다. 수정처럼 맑은 히말라야의 산에서 무한정으로 자생하는 약초 대부분을 식용으로 사용하고 있으며, 눈 속의 야생 동물 표범, 고산지대의 염소, 검은 목 두루미는 이곳의 명물이기도 하다.

부탄을 대표하는 것으로는 선명하고 다양한 색조로 단장되어 히말라야 구릉마다 박혀 있는 그들의 사찰과 높은 장대 끝에 사람을 부르는 듯 휘날리는 깃발 그리고 붉은 가사를 걸친 승려들이다.

목탁 대신 기도 바퀴(Prayer Wheal)를 들고 대중들과 어우러져 함께 숨쉬고 있는 붉은 승복의 스님들은 어디서나 쉽게 볼 수 있다. 이러한 문화는 수 세기를 거치는 동안에도 그대로 전승되어 내려오고 있다. 부탄은 오래전에 사라진 밀교 탄트라의 사상을 간직하고 있는 지구상의 유일한 곳이기도 하다. 또한 집들은 대개 벽화와 단청으로 아름답게 채색된 3층 목조 건물이 많다.

그들의 의복은 지금도 전통으로 이어 내려오는 기법의 수작업을 통해 제작되고 있다. 그들의 언어 역시 긴 세월을 통해 변천의 과정도 있었을 법한데, 지금도 그들은 그들의 선조들이 사용하던 그대로의 고어를 사용하고 있다. 국토 면적은 46,600km^2, 한반도의 5분의 1 정도 크기이며, 인구는 약 78만 7,400명(2023년 기준)이다.

종카어(Dzongkha)와 영어를 주요 언어로 사용하는 부탄의 종족 구성은 티베트계 드룩파(Drukpa)족(Thunder Dragon, 지배계층) 28%, 인도-몽골로이드 48%, 네팔인 20%, 기타 4%이며, 종교는 불교(라마교 75%), 힌두교(25%) 순이다.

시차는 한국시각보다 3시간 늦다. 한국이 정오(12시)이면 부탄은 오전 9시가 된다. 환율은 한화 1만 원이 부탄 639눌트럼 정도로 통용된다. 전압은 220V/50Hz를 사용하고 있다.

팀푸(Thimphu)는 해발 2,300m에 위치한 부탄의 행정수도이다. 부탄의 문화와 정치, 종교의 중심지인 팀푸는 남아시아 불교의 중심지이기도 하지만 아름다운 사원들과 성채를 중심으로 도시를 이루고 있는 곳이다. 이곳에서 기독교의 복음을 전파하는 것은 불법이라는 것에서 알 수 있듯이 불교가 국교인 곳이다.

정부청사로 사용되고 있는 최대 규모의 타쉬초종(Tashi Chho Dzong)과 1627년에 세워진 심토카종(Simtokha Dzong)을 비롯한 많은 문화유적과 부탄의 서민 도시 생활을 접할 수 있다. 이곳은 세계에서 유일하게 교통신호가 없는 수도로 관광객을 당황하게 하는 곳이다. 시내 동편으로 팀푸강이 남으로 흘러 추좀에서 파로강과 합류하고 있으며 강둑에는 타시호 종이 세워져 있다.

아름답고 울창한 계곡에 자리 잡고 있으며 팀푸강(Thimphu Chhu)둑의 언덕에 널리 퍼져 있다. 이 도시는 세계에서 유일하게 신호등이 없는 수도이다. 하나가 몇 년 전에 설치되었으나 주민들이 신호등이 인간미가 없다고 불평하는 바람에 며칠 뒤 곧 없애고 말았다. 최근의 개발에도 불구하고 팀푸는 여전히 그 매력을 보존하고 있으며 밝게 칠하고 정성 들여 조각한 많은 건물은 이 도시를 매혹적이고 중세적인 느낌이 들도록 만든다.

팀푸는 수많은 구경거리와 즐길만한 것들로 넘쳐흐르는 부탄 문화의 풍요를 상징하는 도시이다. 딤푸시 바로 위의 언덕에서 눈길을 끄는 인상적인 타쉬초종(Tashi Chho Dzong, 영광스런 종교의 성채)은 1960년대에 완전히 보수되어 수도의 상징이 되었다. 현재는 국왕의 집무실이 자리하고 있으며 중앙 승려단도 이곳에 있다.

시내에서 가장 눈에 띄는 불교 건축물은 쵸르텐기념관(Memorial Chorten)으로 많은 불교 성화와 밀교상을 전시하고 있다. 많은 사람에게 이곳은 매일같이 기도를 드리는 곳이며 하루 종일 쵸르텐 내를 어슬렁거리며 돌아다

초르텐기념관(어머니가 자식을 위해 세운 탑)

니기도 한다. 팀푸의 중심부에서 열리는 주말 시장은 시골 사람들이 부유한 팀푸 주민을 제치고 열심히 흥정을 하는 곳으로 도시와 시골의 조화를 경험하기 가장 이상적이다.

타쉬초종이란 종은 성(城)이라는 뜻으로 부탄의 종은 부탄의 문화를 이해하는 데 매우 중요한 요소이다.

17세기에 건축했던 것을 1960년 초에 재건한 건물이다. 현재 이곳에는 정부 행정사무실과 중앙 승단사무실로 이용하고 있으며 팀푸 축제와 겨울에 개방하고 있다.

이곳 국립 도서관에는 각종 중요한 원고, 고서, 학술 서적을 비롯하여 인쇄용 판을 소장하고 있다.

초르텐기념관(메모리얼 초르텐)은 부탄의 3대 왕 지그마 도지왕을 기념하여 1974년에 세운 불교적 색채가 짙은 건물로 팀푸의 명소이다. 1972년 왕이 죽자 그의 어머니가 아들을 기념하여 지었으며 내부에는 왕의 사진이 모셔져 있다. 이를 부탄 국민이 추앙하는 곳이다.

국립 도서관

지루카 비구니사원을 설명하자면 부탄 불교에 있어 비구니의 존재는 사미 정도의 지위로 이런 곳에서 조용히 명상을 하며 수련 생활을 하게 된다. 이곳 비구니 수도원은 '지루카'로 불리는 비구니 문중의 수도원 중의 하나이다. '곰파'란 '라캉'과 같이 불교사원을 의미하는 말이다.

푸나카(Phunaka)는 소나무 숲 지대를 지나 약 20km에 이르는 길을 따라 곳곳에 조그마한 시골 마을들이 자리하고 있다. 길은 북으로 향하며 해발 3,150m의 도출라(Dochula)고개에서 조망하는 히말라야의 경관이 일품이다.

팀푸와 푸나카를 잇는 산간도로를 따라가다 보면 도출라고개에 이르는데, 이곳에서는 부탄의 최고봉인 강카푼숨봉을 비롯해 동부 히말라야산맥의 장관이 한눈에 들어온다. 이곳에서 약 2시간 정도를 달려 이르는 곳이 바로 푸

도출라고개

푸나카 드종

나카이다.

푸나카는 기후가 온화하고 포추강과 모추강이 흐르고 있어서 비옥한 농경지가 발달하고 있다. 이곳은 1955년까지 부탄의 수도였으며, 겨울에는 승단 본부인 '제켄포'가 시킴에서 이곳으로 옮겨와 집무를 보고 있다. 포추강과 모추강이 합류하는 지점에는 17세기에 샵드룽 느가왕 냠갈이 세운 사원이 있다. 이곳은 1577년에 세워진 부탄의 전통적인 수도로서, 1952년 수도를 팀푸로 옮길 때까지 중요한 불교사원들이 밀집한 요새지였다. 푸나카는 브라마푸트라강(江)의 지류인 산코시강 상류 연변에 있으며 해발고도는 1,400m로, 팀푸로부터 77km 정도 떨어져 있다. 역사유적으로 1637년에 세워진 성채사원(Dzong)이 있는데, 원래는 지배자 다르마 라자의 거성이었으나 지금은 라마승(僧)들의 겨울 주거지로 이용된다.

라마승의 승려는 2,000명이 넘는다고 하며, 강 양쪽의 경사면에서는 기후가 비교적 온화해 골짜기를 따라 곡물과 과수 재배가 이루어진다.

왕디포드랑(Wangdie Podrang)은 부탄의 중부로 들어가는 동서 고속도로의 마지막 마을이며 푸나카강과 당추강의 합류 지점에 있다.

기본 시설을 갖춘 호텔과 쇼핑센터와 식당도 있다. 왕두에는 17세기에 서부 · 중부 · 남부 부탄을 통일하는 데 중심역할을 했던 곳이며, 강, 숲, 마을들을 지나 페펠라고개 그리고 트롱사계곡으로 이어지는 이곳은 부탄에서 가장 아름다운 경치를 자랑하고 있다. 다시 산을 넘어 남으로 달리면 황금빛 옥수수밭이 나오고 곰파를 지나면 폽직하 마을이 있다.

이곳은 목초지가 잘 발달해 있는데, 특히 겨울에는 희귀종인 목검은 두루미의 서식처로서 유명하며 주로 죽세공이 발달하고 있다. 푸나카 남쪽 해발 1,350m에 세워진 왕두에 종은 17세기의 사원으로 푸나카강과 당추강이 합류하는 지점에 위치하고 있다.

파로(Paro)에 도착한 여행자들은 세계에서 가장 알려지지 않은 여행지에 왔다는 사실을 즉시 깨닫게 된다.

파로 마을은 풍부하고 비옥한 파로계곡의 중심에 위치해 있으며 아름다운 경관과 전망 좋은 마을 그리고 역사적인 건축물들이 사방 몇 킬로미터 안에 자리 잡고 있다. 북쪽으로 멀리 해발 7,300m의 좀하리산이 우뚝 서 있고 파로강이 흐르는 그 앞자락에 깊은 계곡 합류점의 한 어귀에 자리한 조그마한 사원의 도시이다.

이곳은 부탄 제2의 도시이자 히말라야 왕국의 유일한 관문인 국제공항이 있으며 수도 팀푸까지는 60km 정도이나 자동차로 2시간이 소요된다.

파로는 문명의 혜택에서 떨어져 불편하여도 불평하지 않고 아름다운 자연과 웅장한 산을 벗 삼아 대대로 살아온 순박한 사람들의 고향이며 대승불교 신앙의 성지이기도 하다. 맑은 날은 이곳에서 좀하리산과 지추 드레이크의 위용을 조망할 수 있다. 아름다운 파로계곡은 고색창연한 고찰과 수도원이 함께 파로의 보석이 되어 찬란히 빛나고 있다.

치미라캉(Chimi Lhakhang)은 '위대한 미친 스님'으로 알려지며 부탄 불교사의 획을 그었다는 드럭파 퀸리의 전설이 얽힌 '치미라캉' 이야기가 남아 있다. 스님 신분이지만 술과 처녀들을 너무 좋아했다는 그는 도출라고개에 숨어있다가 오가는 사람들을 잡아먹던 도깨비를 물리쳤고, 이를 기념해 15세기에 지은 절이 바로 치미라캉이다.

파로 드종(Paro Dzong)은 부탄을 대표하는 드종이며, 드종은 방어와 거

파로 드종

주의 두 가지 목적을 수행하는 일종의 요새이다. 그런 이유로 주로 높은 곳에 건설되는데 파로 드종은 부탄 전통건축 양식이 가장 잘 반영된 드종 중의 하나이다. 드종의 구조는 부탄을 최초로 통일한 샤브드룽 이후 모든 드종은 정치와 종교를 이원화한 두 개의 구역으로 구성된다.

본래 파로 드종의 이름은 '린첸 풍 드종(RINCHEN PUNG DZONG)'이었는데 '보석으로 가득 찬 성'이란 의미이다.

1644년 불세출의 영웅 샤브드룽은 이 성의 건축을 지시하였고, 부탄 불교의 시조인 '파드마삼바바'의 사원 양식을 토대로, 방어와 거주를 위해 완벽한 구조를 갖춘 성을 건설하게 된다.

그의 바람대로 완성된 이 성은 수많은 티베트의 침공을 굳건히 막아낸다. 1905년 서양인으로서 이곳을 처음 방문한 존 크라우드 화이트(John Claude White)의 기록에 의하면, "언덕 위에 웅장한 자태로 서 있는 파로성은 난공불락의 성으로 수백 미터는 날아갈 수 있게 만든 거대한 투석기가 있었다."고 했다. 이런 묘사에서 보듯이 파로 드종은 당대 최강의 철옹성으로서 부탄 내의 가장 중요한 성 중의 하나였다. 원래는 네미 잠이라는 지붕이 있는 다리가 놓여 있었으나 지금은 지붕과 벽은 없어지고 돌다리만 남아있다. 다리에서 조망하는 경관도 일품이지만 린첸 풍 드종의 건축미 또한 높이 평가되고 있다. 현재 수도원 학교와 행정사무실로 사용하고 있으며 파로의 유명한 축제가 매년 봄 이곳에서 열리고 있다.

드럭겔 드종(Drukgyel Dzong)은 파로 서쪽 티베트 국경과 가까운 파로 츄(Paro Chhu) 강변에 위치하고 있다. 이 성은 1649년 민족적 영웅 '샤브드룽'에 의해서 전략적으로 건설된 요새로 티베트 침입자들이 지나가는 길목에 이 성을 만들어 티베트와의 전쟁에서 효과적인 승리를 거둔다. 성의 이름인 '드럭겔'은 부탄말로 '부탄의 승리'란 뜻이다. 실제 1644년 있었던 제2차 티벳-부탄전쟁 중 이 성에서 대승을 하였고, 1648년 제3차 티벳의 침입때는 티벳군을 유인하기 위해, 가짜 입구를 만들어 한데 몰아넣고 전멸시켰다. 드럭겔 드종이 서 있는 위치는 티베트군의 침입로이면서, 무역로 이기도 하지만 날이 좋은 경우, 부탄 히말라야 최고의 명봉인 쵸모라리(Chomoriri)봉이 한눈에 보이기도 한다. 부탄의 자존심인 이 성채는 미국의 잡지 〈내셔날 지오그라피〉의 커버 페이지에 나오기도 하였다. 이 성채는 1951년까지는 행정관 사무실로 쓰였으나 버터기름을 태우는 등불이 목조 건물에 옮겨붙으면서 큰 불이 나서 전소가 되었으며 이후 몇 번의 복원 노력이 있었으나 5층 건물의 기둥 몇 개가 받쳐지는 정도였다. 현재 볼 수 있는 곳은 광장과 큰 전각, 물을 끌어들이는 터널 정도이고, 성곽만은 아직도 굳건히 남아있어 영광의 흔적을 상상하게 만든다.

탁상 곰파(Taktshang Goemba)는 부탄을 상징하는 건축물이다.

파드마삼바바의 전설이 깃든 탁상 곰파(탁상사원)는 이집트에 피라미드가 있고, 중국에 만리장성이 있고, 페루에 마추픽추가 있듯이 부탄에도 가장 유명한 건축물은 바로 '탁상 곰파'이다. '곰파'란 '라캉'과 같은 사원을 뜻하는 부탄말이며, '탁상'이란 호랑이의 둥지를 뜻하는 부탄말이다. 평지에서 900m 이상 솟은 깎아지른 절벽에 서 있는 탁상사원은 걸려 있다는 표현이 적절할지 모르나 아슬아슬하게 서 있는 모습이 압권이다. 그저 바람 소리와 물소리,

독경 소리만 들리는 이 사원은 전설도 많고, 곡절도 많은 사원이기도 하다.

탁상 곰파

탁상사원의 본당은 1692년 파로의 성주였던 기스 텐지 랍게(Gees Tenzi Rabgye)에 의해서 연화생 보살이 명상하였던 장소에 세워졌다. 본당 주변에 몇 개의 부속 건물이 있는데 이중 포부라캉에는 당시 악마를 무찌르던 3날의 금강저가 보존되어 있고, 본당 위에 있는 건물은 우겐체모라캉이고, 그 위로는 연화생 보살이 천상에 사시는 도리천을 의미하는 장포펠리사원이 있다. 1951년 화재로 일부 손상되었던 탁상사원은 1998년 대화재로 본당이 완전히 소실되어, 2000년 4월 대대적인 복원 공사로 인해 현재의 모습이 갖춰지게 되었다. 이런 오랜 역사를 견뎌온 탁상사원은 부탄인들에게 있어 최고의 성지로 현재까지도 자리 잡고 있다.

키츄라캉은 부탄 내에서 가장 역사가 오래된 사원 중의 하나이다.

키추라캉의 최초의 건립은 티베트를 최초로 통일한 송첸감포 왕이 서기 659년 건립한 것으로 기록되어 있다.

옛날 티베트를 최초로 통일한 송첸감포 왕은 당나라의 문성공주를 왕비로

맞았다. 왕비는 혼인 지참물로 작은 석가모니 불상을 라사로 가져오고, 어느 지점에서 불상은 마치 진흙에 파묻힌 듯 꼼짝달싹할 수 없게 되었고, 이를 이상하게 여겨 알아본 결과 티베트에 사는 거대한 도깨비 때문이라는 것을 알게 되었다. 넓디넓은 티베트만 한 크기의 도깨비가 머리는 동쪽으로, 발은 서쪽으로 기다랗게 누워있어 그를 제압하기 전에는 불상을 옮길 수 없었다고 한다.

이에 송첸감포 대왕은 도깨비의 108개 급소에 일시에 사원을 만들고 이렇게 하여 제압된 도깨비는 그 후 나쁜 짓을 못하게 되었다고 한다. 108개의 사원 중 대부분은 티베트에 있으며, 일부 사원이 부탄에 남아있다. 티벳의 조캉사원은 도깨비의 배꼽 부분으로 이 사원에 문성공주가 가져온 불상이 모셔져 있다. 파로에 있는 키추라캉은 도깨비의 왼쪽 발 부분 위 급소에 세워진 사원으로 본래의 건물과 거대한 불상은 화재로 소실되었고, 1839년 파로의 성주와 제25대 승원장에 의해 복원되었다

1968년 또 한 차례의 증축이 있었는데, 제3대 왕의 장모인 아쉬 케상(Ashi Kesang)의 지원으로 완전히 새롭게 바뀌며 이때 새로 조성된 사원에는 연화생 보살상, 문성공주를 묘사한 타라상, 철교의 창시자인 탕통 걀포상 그리고 닝마파의 대스승이셨던 딜고 켄체 린포체의 흉상이 모셔져 있다.

길 한쪽에 보이는 사원은 드룽자 곰파(Drongja Goemba)사원으로 1992년 열반하신 닝마파의 대스승인 딜고 켄체 린포체의 사체가 이곳에서 화장되었고 당시 다비식을 거행할 때 이곳에서 왕실 인사들이 지켜보았다고 한다.

방글라데시 Bangladesh

방글라데시는 남부 아시아의 인도 북동부에 있는 나라이다. 정식명칭은 방글라데시 인민공화국(People's Republic of Bangladesh)으로 '벵골의 나라'라는 뜻이다.

남동쪽으로는 미얀마와 남쪽으로는 벵골만과 접하며, 나머지 지역은 인도와 접한다. 세계 제일의 인구조밀국으로 외국 원조가 정부 재정지출의 반을 차지하고 있을 만큼 궁핍한 세계 최빈국의 하나이다.

빈곤 타파, 식량 자급, 고용 증진, 인구 증가율 축소 등을 국가의 최대 목표로 잡고 경제개발계획을 시행하고 있다. 이 나라는 인도에 속하던 지역으로 1947년 인도가 영국에서 독립할 때 파키스탄으로 독립하였다. 같은 이슬람교를 믿지만, 벵골족이라는 이유로 무시와 핍박을 받아온 동파키스탄은 1971년 3월 26일 유혈 독립전쟁을 통해 서파키스탄(지금의 파키스탄)에서 분리, 독립하였다.

방글라데시의 유명한 사이클론과 홍수의 이면에는 자연과 아름다운 대지가 오래된 역사와 더불어 다양한 볼거리를 제공한다. 2천 년 이상 된 고대 유적지, 세계에서 가장 긴 해변 그리고 가장 큰 해안의 맹그로브가 있고, 19세기 마하라자의 '바람과 함께 사라진' 쇠퇴한 맨션을 볼 수 있다.

세계에서 가장 복잡한 국가임에도 불구하고 방글라데시 사람들은 편안함, 관대함, 친절함을 느낄 수 있다. 여행 시설은 부족하지만 개인 여행에 경험이 있다면 '여행자들로 북적거리기 전에 방글라데시를 여행하라.'라는 말처럼 충분히 여행할 만한 가치가 있는 국가이다. 방글라데시의 문화는 서(西) 벵갈의 문화와 비슷하다. 불교, 힌두교, 이슬람교의 영향을 많이 받았다. 방글라데시인들은 시(詩)를 심각하게 받아들여 시에 대해 민감하며 깊은 열정을 가지고 있다.

20세기 작가인 카디 나즈는 방글라데시의 국민 시인이다. 방글라데시인인 인도의 라빈드라나트 타고르는 1913년 노벨상을 받았다. 타고르의 시 '우리의 황금 벵골'은 방글라데시의 국가(國歌)가 되었다.

방글라데시는 영국으로부터 독립(1948년) 이전 영국에 대한 공업용 원자재의 안정적인 공급원 겸 영국상품의 시장경제로서 전형적인 식민지적 경제구조로 출발하였다.

19세기부터 홍차와 황마(쥬트)의 플랜테이션 경작이 확대됨으로써 근대공업을 시작하였으나, 서파키스탄의 차별정책으로 세계 최빈곤 지역으로 전락하게 되었고 이러한 차별정책이 파키스탄에서 분리 독립하게 된 주요 원인의 하나가 되었다. 전형적인 저개발 농업 국가 구조를 가지고 있다.

세계 1위의 인구조밀국으로서 전체인구의 약 67%가 농업에 종사하고 있으며, 농업부문이 국내 총생산 중 35%를 차지하고 있다. 나라 전체적으로 볼 때는 높은 인구밀도(세계 1위), 높은 인구증가율(1.78%), 높은 문맹률(67.6%), 낮은 국민자본 축적 및 기술 수준의 낙후, 합리적인 경제정책을 추진할 정치 · 사회적 기반 취약, 농업에 대한 높은 의존도에도 불구하고 농업생산의 불안정(기후조건에 좌우), 부존자원 빈약 등이 경제발전의 장애 요인으로 작용하고 있다. 또한 잦은 홍수로 인한 농업생산 부진과 공업생산의 완만한 증가로 경제성장이 저해되고 있으며, 대부분의 비농업 원료, 기계, 장비 등을 수입에 의존하고 있고 천연가스의 활용도가 높아지고 있으나 아직도 에너지 수입이 과중한 실정이다.

국토면적은 147,570km²로 한반도의 3분의 2 정도의 크기이다. 인구는 약 1억 7천285만 명(2023년 기준)이며, 주요 언어는 벵갈어(Bengali), 힌두어, 영어(통용) 등이다. 종족구성은 뱅갈인이 98%로 절대다수를 차지한다. 종교는 회교(국교 86.6%), 힌두교(12.1%), 불교(0.6%), 기독교(0.3%) 순이다.

시차는 한국시각보다 3시간 늦다. 한국이 정오(12시)이면 방글라데시는 오전 9시가 된다.

환율은 한화 1만 원이 방글라데시 약 880타가 정도로 통용되며, 전압은 220V−240V/50Hz를 사용하고 있다.

다카(Dhaka)는 방글라데시의 수도로 대략 방글라데시의 중앙에 위치한다. '다카'라는 이름은 한때 이 지역에 많이 자라던 다크(Dhak)에서 따왔거나 다케슈와리(Dhakeshwari, 숨은 여신)와 관계가 있다고 한다. 이 도시의 서쪽에 다케슈와리사원이 있다. 다카의 역사는 1000년까지 거슬러 올라갈 수 있지만, 무굴 제국의 벵골주의 주도(1608~1639, 1660~1704)가 된 17세기에 들어와서야 비로소 중요한 도시로 떠올랐다.

이곳은 해상무역의 중심지로서 영국, 프랑스, 네덜란드의 무역상인들이 모여들기도 했다. 20세기 초 상업중심지이자 교육도시였던 다카는 동벵골주의 주도였다가 파키스탄이 독립하자 동파키스탄주의 주도가 되었다. 1971년 독립전쟁과 함께 동파키스탄이 방글라데시로 분리해 나오면서 방글라데시의 수도가 되었다.

1608년에 건설된 도시로서 다카에는 이슬람 시대에 지은 유서 깊은 건축물이 많이 있다. 700개가 넘는 이슬람사원들의 건축 시기는 15세기까지 거슬러 올라가며, 미얀마와 타이의 종교적 건축물도 있다.

시내에는 당시의 유적으로 1678년에 세워진 랄바그 요새(Lalbagh Fort)와 벵골주 총독의 아내였던 파리비비 묘가 남아있다. 1680년에 지어진 7개의 돔을 가진 사트감부즈 회교사원, 스타모스크 등의 명소가 있다. 이외에도 근대사의 증인으로 1952년 역사적인 렝귀지 운동을 기념하여 세워진 중앙미나렛과 1857년 독립운동회 영웅들을 기념하는 바하두르 샤 공원(Bahadur Shah Park)에 있는 기념관, 아산 만질박물관, 고대 유물과 유적, 조각, 회화 등을 전시한 국립박물관이 있다.

도시의 가장 오래된 지역은 북쪽의 강안을 따라 강변으로 이어지는데, 이곳은 무굴제국 시대 무역의 중심지였다.

구시가는 두 개의 주요 수상교통 터미널 사이에 있는데 사다가트(Sadargaht)와 바담 톨레(Badam Tole)는 부리강의 매혹적인 수상생활을 볼 수 있

수상교통 터미널

는 곳으로 항상 사람들과 여러 종류의 배들로 복잡하다. 강변에 있는 바로크 양식의 궁전인 아산 만질(Ahsan Manzil)궁전은 밝은 분홍색으로 칠해져 있다. 다카의 가장 큰 볼거리는 1987년부터 건설 중인 구시가에 있는 랄바그성 요새(Lahbagh Fort)이며, 이 지역에는 후사인 달란(Hussain Dalan)을 포함한 매력적인 회교사원이 있다.

현대도시(Modern City)로 알려진 유럽인 지역의 구시가 북쪽에 있는 국립박물관은 방글라데시의 과거 힌두교, 불교 등의 전시품과 민속 예술품과 수공예품이 수집되어 있다.

다케슈와리사원은 '다카의 여신'이란 뜻의 다케슈와리신을 모시고 있어 방글라데시의 힌두교사원 중 가장 중요한 곳으로 여러 개의 사원과 부속물로 구성된다.

이곳엔 똑같은 모양을 한 작은 사원 4개가 있으며 동쪽에서 서쪽으로 놓여 있다. 사원은 사각형 모양이며, 각 사원의 지붕은 6겹으로 겹쳐진 모양이 올

다케슈와리사원

라갈수록 좁아진다. 지붕 맨 꼭대기에는 연꽃 모양의 시카라가 있고, 각 사원의 출입구는 아치형으로 되어있다. 오랫동안 보수, 개조, 재건축 등을 거쳤기 때문에 언제 건립되었는지 정확히 알 수 없지만, 전설에 근거해 세나 왕조(Sena Dynasty)가 12세기에 건립한 것으로 추정하고 있다.

랄바그 요새(Lalbagh Fort)는 미완성된 16세기 요새로 다카에서 가장 인상 깊은 건축물 중의 하나로, 뱅갈 건축양식으로 만들어진 3층 건축물이다.

랄바그 요새는 1678년, 아우랑제브(Aurangazeb) 무하메드 아잠(Mohammad Azam) 왕자가 건립하였다. 무굴 왕자의 이루지 못한 꿈을 대변하고 있는 랄바그 요새는 그 시대의 건축양식이 가장 잘 보존된 견본이다.

이 지역을 무굴이 지배하고 있을 때의 중심이 되었던 랄바그 요새는 1677

년~1684년 사이에 건축되었으나, 통치자의 딸 파리비비의 죽음으로 완성되지 못했다. 그녀의 무덤이 안뜰에 있으며, 또한 구내에는 작은 박물관이 자리 잡고 있다.

랄바그 요새(출처 : 현지 여행안내서)

랄바그의 기념비적인 건축물 사이에 파리 비비(Pari Bibi)의 무덤과 랄바그모스크, 강연홀, 나왑 사이스타 칸(Nawab Shaista Khan)의 터키식 목욕탕 등이 남아있다.

국립박물관(Bangladesh National Museum)은 2만 제곱미터의 전시장을 갖춘 4층 건물로 46개의 전시관을 갖추고 있는 방글라데시 국립박물관으로 서아시아에서 가장 큰 박물관 중 하나로 1913년 8월 7일에 건립되어, 1983년에 다카대학교 부근 샤백(Shahbag)으로 옮겨 새롭게 오픈하였다.

박물관은 3개의 대강의실과 특별전시를 목적으로 하는 임시 전시홀, 세미나와 문화 활동의 행사 개최목적의 대강당이 있다. 박물관 도서관은 예술, 역사, 건축, 방글라데시 자유운동, 자연과학 등의 문서화된 자료를 소장하고 있다.

보그라(Bogra)는 수도 다카에서 서북쪽으로 230km 거리에 위치하고 있다. 이곳은 방글라데시의 5개 성 가운데 하나인 라즈샤히성(Rajshahi Division)의 중심도시로 방글라데시 북쪽 지방 교통의 중심지이다.

보그라의 동쪽으로는 자무나강(Jamuna River)이 흐르는데 우기 때마다

국립박물관 소장품

수시로 강이 범람해 보그라에 큰 피해를 주고 있다. 그러나 방글라데시 서북부의 중심도시로 편리한 교통망을 갖추고 있어 최근 급속도로 산업도시로 변모하고 있으며 석탄과 석회가 넓은 지역에 매장되어 있어 추후 개발 가능성이 큰 지역이기도 하다. 그리고 이미 수많은 설탕과 섬유, 화학 공장이 들어서 있기도 하다.

보그라는 1850년에 발견되었고 1884년에 자치도시가 설립되었다. 보그라 근교에는 고쿨메드(Gokul Medh) 유적지와 마하스탄가르(Mahasthangarh) 역사유적지가 있다. 특히 마하스탄가르에는 최근 7~8세기 것으로 추정되는 불교사원과 벽돌 길이 발견되었다. 이번에 발견된 불교 유적은 벽돌

다카대학교와 학생들

로 지어진 불교 건축물로 서기 1200년경에 지어진 것으로 분석된다.

또한 보그라는 도이라는 떠먹는 요구르트가 있는데, 이는 방글라데시의 전통음식이며 특산물이다.

도이 요구르트는 일반적으로 꽃병같이 생긴 초벌구이한 붉은 토기에 우유를 담아서 발효시킨 다음 그릇째로 판매한다. 힌두 사회이기 때문에 소고기는 먹지 않아도 우유를 먹는 것은 허용되었기에 요구르트가 전통음식이 되었다.

마하스탄가르는 1936년 마줌다르(NG Majumdar)에 의해 발굴된 계단으로 된 탑 형식의 신전 유적지이다. 형식상 6세기에서 7세기에 건립된 것으로 보이며, 신전에서 나온 흙판 등으로 미루어 굽타시대 말기에 제작된 것으로 추정된다. 신전의 기저부는 172개의 장방형 돌들로 이루어졌으며, 돌 사이에는 흙이 채워져 단단하게 고정돼 있다.

기저부에서부터 점차 위로 올라갈수록 좁아지게 된 계단 형식에는 돌들이 쌓여 있으며, 가장 위에는 다각형의 신전이 놓여 있다. 이렇듯 주변의 많은 버팀 돌이 중앙 구조물을 지지하는 형식은 고대 방글라데시 건축물에 흔한 건축양식이다. 너비가 5m 정도 되는 신전의 꼭대기에는 현관을 갖춘 사각형의 사원이 있는데, 이는 세나시대인 11세기에서 12세기 사이에 건축되었다.

신전의 중앙에서 소의 형상을 그린 황금 나뭇잎이 발견되고 돌 판에는 1개의 큰 중앙돌판을 포함해 12개의 돌판이 있다. 특히 중앙돌판에는 소의 형상을 그린 황금 나뭇잎이 있어 이 신전이 시바(Siva)사원임을 나타내준다.

파하르푸르(Paharpur)는 방글라데시 라주샤히주(州)의 작은 역에서 자마르간주의 서쪽 5km 지점에 있는 불교사원이다. 대륙 최대의 정사 · 승원의 복합건조물이며 팔라왕조 제2대 다르마팔라(Dharmapāla, 재위 770~815)

파하르푸르 유적지

의 발굴로 출토 명(銘)에 'Mahāvihāra(마하비하라, 大寺)'라고 씌어 있었다.

이 사원은 캘커타대학과 인도 고고국에 의해 1925~1934년에 발굴되었다. 주당(主堂)은 사방계단의 십자형(十字形) 설계로 약 120×105m 사면에 큰 불상을 모셨는데, 지금은 없다. 기단에는 20~40cm 폭의 테라코타 판 프리즈가 2,000개 이상 박혀 있고 근처에서도 800개가 발견되고 있다.

불교존상, 힌두신상 등 여러 가지 자태가 대단히 다채롭다. 주당을 중심으로 사방에 177개의 승방이 있고, 사방으로 약 300m의 방형 비하라(승원)가 있으며 그 구조와 모형이 중부 자바의 찬디 세우와 유사하여 주목되었다.

파하르푸르의 불교 유적(Ruins of the Buddhist Vihara at Paharpur)은 팔라왕조의 왕이 히말라야 남쪽에 세운 소마프라 마하비하라(대승원) 유적

지방 민속놀이

으로서 벵골지방의 문화적 중심지였다. 1923~1938년 발굴작업을 하였으며 유적지의 규모는 길이와 너비가 300m인 정사각 모양이고, 면적은 9ha이다.

대승원은 두꺼운 벽돌로 된 벽으로 둘러싸여 있으며 각 면의 중앙에 출입문을 두었다. 승원 안에는 승려들의 방 177개와 사당, 식당, 주방 등의 터가 넓은 안뜰에 흩어져 있다.

중앙에는 대사당이 있는데, 2층의 기단 위에 3층으로 세워진 십자 모양의 구조로서 4면당(四面堂, 가운데에 있는 탑 4방에 불상이 서로 등을 맞대고 바깥쪽을 향하여 안치되어 있는 것) 형식으로 되어 있다. 건물은 벽돌로 지었고 단순한 조각을 새긴 점토판을 붙여 장식하였다.

현재는 3층이 없어지고 2층도 바깥면이 소실되었으나, 기단부에는 약 2,000장의 점토판이 수평으로 붙어 있다. 점토판에는 농민과 음악가, 무용가 등의 인물상과 동물과 식물, 악마의 형상이 새겨져 있으며 힌두교의 신들과 대서사시 '라마야나', '마하바라타'의 내용을 묘사해 놓았다. 이것은 독특한 예술적인 성취물을 대표하는데, 특히 간결하고 조화로운 선과 다양한 조각 양식은 멀리 캄보디아의 불교 건축에까지 영향을 끼쳤다.

1985년 유네스코(UNESCO, 국제연합교육과학문화기구)에서 세계문화유산으로 지정하였다.

네팔 Nepal

네팔(Nepal)은 북쪽으로 중국을 접하고 있으며, 남쪽으로는 인도를 접하고 있다. 히말라야산맥의 중부에 자리 잡은 입헌군주국이지만 폐지되고 공화정 도입을 시도하고 있는 나라이다.

하말라야산맥(가운데 검은 봉우리가 에베레스트산 8,848m) (출처 : 현지 여행안내서)

햇빛에 반사되는 히말라야 전경(출처 : 현지 여행안내서)

히말라야산맥 남쪽 비탈면에 위치하고 있는 네팔의 북부 산악 지역에는 세계에서 제일 높은 산 에베레스트산(8,848m)을 비롯한 칸첸중가(8,586m), 로체(8,516m), 마갈루(8,463m), 초오유(8,203m), 다울라기리(8,167m), 마나슬루(8,163m), 안나푸르나(8,091m) 등으로 세계에서 높은 산들을 독보적으로 보유하고 있다고 해도 과언이 아니다.

국토는 직사각형 형태이며 동서의 길이가 650km, 남북의 너비가 200km 정도이며, 전체 국토면적은 147,181km^{2}이다. 한반도 3분의 2 정도의 면적을 가진 네팔의 종족 구성은 복잡하다. 크게 몽골리아계 인종과 인도의 아리아계 인종으로 나뉘며 그 가운데 구르카족, 마가르족, 부티아족이 많다. 국민의 대부분이 힌두교나 라마교를 믿고 있다. 산업은 농업과 목축업이 주가 되고 있으며 쌀, 옥수수, 밀 등이 생산된다. 그리고 히말라야 등반의 근거지로서 관광 수입과 히말라야 등반 안내원(세르파) 수입도 큰 몫을 차지한다.

수도는 카트만두(Kathmandu)이며, 공용어는 네팔어이다. 인구는 3,089만 6,590명(2023년 기준)이며, 종교는 힌두교(87%), 라마교(불교, 8%), 이슬람교(4%) 순이다.

시차는 한국시각보다 3시간 15분 늦다. 한국이 정오(12시)이면 네팔 카트만두는 오전 8시 45분이 된다. 환율은 한화 1만 원이 네팔 약 1,000루피 정도로 통용되며, 전압은 220V/50Hz를 사용하고 있다

카트만두는 네팔 관광의 거점인 동시에 히말라야를 트래킹하는 시발지이기도 하다.

그중에 퍼슈퍼티나트(Pashupatinath)는 갠지스강 상류에 세워진 네팔 힌두인들의 최고의 성지이다. 퍼슈퍼티나트는 시바신을 일컫는 말로 2층 사원에는 힌두교인 외에는 출입이 금지되어 있으며 477년에 처음 지어진 것을 1537년 말라 왕조 부파틴드라왕 때 현재의 모습으로 재건하였다.

이곳에는 시바신과 기타 다른 신들의 형상, 성소 그리고 사원들이 모여있는데 그중 퍼슈퍼티나트사원은 금판으로 덮인 지붕과 은으로 만든 문 그리고 탑에 새겨진 멋진 나뭇조각 등이 아름답다. 또 이곳에는 1653년 시바신의 첫째 부인인 사티데비에게 바쳐져 축조된 구헤쉬리사원이 있는데, 이는 아버지에 의해 제물로 바쳐진 그녀를 추모한 사원으로 여성의 권리를 표현하고 있다. 또 이곳은 관광객에게는 시신을 태우는 화장터로 더 잘 알려져 있는데 화

민속 화장터

장된 시체나 그 유족의 사진은 찍지 않는 것이 좋다. 사원 주변에는 허리에 천을 두르고 재를 뒤덮은 채 시바를 추종하는 사두들이 사진을 찍는 대가로 돈을 요구하는 경우도 있기 때문이다. 이들 중에는 진짜 사두가 아닌 경우도 있으므로 주의가 필요하다.

보우더나트는 반구형 기단의 크기만 36m에 이르는 남아시아의 가장 큰 스투파 중의 하나로 티벳 불교의 영향을 받아서 지어졌다.

보우더나트는 5세기경 건설되었다고 알려져 있는데, 정확한 근거는 남아있지 않으며 다만 전설에 따르면 한 여인이 왕에게 스투파를 지을 땅을 기부할 것을 요청했다고 한다. 그녀는 버펄로의 피부 한 조각 만큼의 땅을 요청했다.

왕이 흔쾌히 수락하자 버펄로의 피부를 최대한 길게 잘라 그 끝을 전부 줄 수밖에 없었고 그 위에 지어진 사원이 바로 보우더나트라고 전해져 내려오고 있다.

이 스투파는 고대 티베트의 통상로에 위치하고 있어서, 티베트 상인들이 수 세기에 걸쳐 살고 있었고, 1950년대 티베트에서 집단으로 넘어온 망명자들의 거주지가 되었다. 이곳은 네팔 속의 작은 티베트라고 할 정도로 티베트인들의 생활상을 관찰하기에 좋은 곳이다. 티베트의 전통술과 음식을 맛볼 수 있고, 티베트의 골동품을 둘러볼 수 있다.

보우더나트

스와얌부나트(Swayambhunath)는 유네스코가 지정한 세계문화유산이다.

스와얌부나트 또는 '스스로 존재함(Self-existent)'이라고 불리는 이 사원은 정확한 근거는 없으나 지금부터 약 2천여 년 전에 석가모니가 깨달음을 얻었을 때와 비슷한 시기에 세워졌다고 전해지는 불교사원으로 네팔에서 가장 오래된 사원이다.

전설에 의하면 카트만두 분지는 원래 하나의 커다란 산정호수였다. 그런데

만주시리, 즉 문수보살이 그 호수를 여행하던 도중 호수 한가운데서 밝은 빛을 방사하며 피어오르는 연꽃을 보고 이 연꽃을 참배하기 위해 '지혜의 칼'로 산허리를 자르고 물을 퍼낸 뒤 육지로 일궈냈다는 것이다. 그때 맨 처음 수면 위로 빛을 내뿜으며 떠오른 곳이 바로 카트만두의 성지 스와얌부나트이다.

이 사원으로 오르는 길은 300개가 넘는 가파른 돌계단으로 이어져 있는 데다가 기념품, 골동품을 파는 가게들, 원숭이들로 복잡하다.

실제로 이 사원은 외국인에게는 스와얌부나트라는 이름보다는 몽키템플이라는 이름이 더 유명할 정도로 야생 원숭이가 많이 살고 있다.

이 스투파에 대해 알아보면 흰색 반구체 기단 위에 눈과 코가 그려진 금으로 도금된 사면체의 그림은 깨달은 자를 의미하는데, 양 미간에 있는 '제3의 눈'은 인간의 마음에 사물의 본질을 꿰뚫어 보는 통찰력이 있음을 표시한 것이고, 물음표처럼 보이는 것은 1이란 숫자를 형상화시켜놓은 것이다. 이것은 진리에 도달하는 길은 결국 하나로 스스로의 깨달음을 통해서 가능한 것이라는 것을 의미한다. 그리고 그 사면체 위에는 도금으로 된 13층의 원추형 탑이 있는데, 이는 불교에서 깨달음에 이르기 위한 13단계를 묘사한 것이다. 그리고 맨 꼭대기에는 도금된 종이 있다.

불교인들은 스투파를 한 바퀴 돌면 불경을 1천 번 읽는 것만큼의 공덕을 쌓는 일이라 믿고 있어 스투파 주변은 참배객들로 항상 북적거린다.

카트만두가 네팔의 문화적 중추라면 포카라(Pokhara)는 바로 네팔의 모험 여행의 중심지이다. 조용한 골짜기에 위치한 이 매혹적인 도시는 네팔에서 가장 대중적인 레저인 트레킹의 출발지이며, 래프팅의 도착지이다.

포카라의 자연환경은 매우 뛰어나다. 특히 평온한 페와호수를 배경으로 우뚝 솟아있는 물고기 꼬리 모양의 마차푸차레(6,977m) 정상의 웅장함은 아름다움을 넘어서 신비로움마저 가지게 하며, 아열대의 온난한 풍토로 울창한 산림, 풍부한 수원, 에메랄드빛 호수 그리고 세계적 자연유산인 히말라야까지 뛰어난 자연경관을 자랑한다.

포카라는 인도와 티베트로 이어지는 통상적인 무역로 중의 하나로 오늘날에도 히말라야 지역으로 물건을 실어 나르는 나귀들의 행렬을 곳곳에서 볼 수 있다.

포카라 최고의 자연경관은 장대하게 펼쳐진 안나푸르나 산군의 멋진 전경으로 동에서 서로, 그리고 남으로 뻗어있는 안나푸르나산의 모습은 너무도

부처님 탄생지

매혹적이며 산악비행(Mountain Flight)을 통해 눈앞에서 히말라야 설산의 장관을 감상하는 것 또한 빼놓을 수 없는 매력적인 여행 일정이다.

네팔에서 두 번째로 큰 호수인 페와호수(Phewa Lake)는 포카라 중심부에 위치하며 포카라의 아름다움을 배가시켜주는 가장 큰 규모의 매력적인 장소이다. 이 호수에서 사람들은 수영을 하거나 잔잔히 흐르는 물 위를 보트를 타고 히말라야를 감상할 수 있다.

석가모니는 2,500년 전 네팔 서부의 룸비니에서 태어났다. 탄생 이후로 불교도들에게 네팔은 부처가 태어난 신성한 땅이었다. 바로 부처의 탄생지인 룸비니는 오랜 고도의 흔적이 그대로 남아있는 작은 도시이며, 원래 석가모니는 이 도시에서 인도 왕국의 왕족으로 태어났다.

보리수나무와 부처님이 처음으로 목욕을 한 구룡못

룸비니의 중요유적인 마야데비(Maya Devi)사원의 서쪽으로 가면 부처가 처음으로 정화의식(목욕)을 치렀다는 못이 있는데 주변의 한가로운 정원과 보리수나무 그늘 그리고 상쾌하고 신선한 숲 등은 말없이 부처의 가르침을 주는 듯하다. 오늘날 룸비니는 수 세기 동안의 무관심에서 벗어나 학자들과 여행자들의 주목을 받고 있으며, 금세기 후반부터는 사적 가치에 따라 예술품들을 신중하게 보존 작업이 진행 중이다.

그리고 마지막으로 이번 네팔 여행에서 제일 감격스럽고 즐거웠던 순간을 손으로 하나 꼽으라면 수도 카트만두에서 포카라로 이동하는 과정에서 국내선 여객기를 타고 상공을 나는 순간 조종사가 한국어로 "창문을 활짝 열고 히말라야를 바라보라."고 한다. 그리고는 "저쪽으로 보이는 제일 높은 산은 세

히말라야를 비행하는 네팔 국적기(출처 : 현지 여행안내서)

계에서 제일 높은 산 에베레스트산이고, 이쪽으로 보이는 제일 높은 봉우리는 안나푸르나봉"이라고 하며 지나가는 산들을 하나하나 거론하면서 설명을 한다.

산악인들은 몸과 발 덕분에 히말라야 정상들을 바라볼 수 있지만, 여행자들은 관광 덕분에 기내에서 히말라야를 바라볼 수 있었다. 기내에서 바라보는 히말라야는 말로 표현할 수 없을 정도의 감격과 감동이 메아리를 울린다.

이 웅장하고 장대한 아름다운 히말라야 설산을 눈으로 마음으로 가슴 깊숙이 차곡차곡 담아 추억으로 영원히 간직할 수 있었고, 그로 인하여 또 다른 여행의 충동이 가슴속에서 발동하고 있는 것을 느낄 수 있었다.